> 过去不可改变,未来不可预测
>
> 活在当下,记在当下

记忆宫忆殿

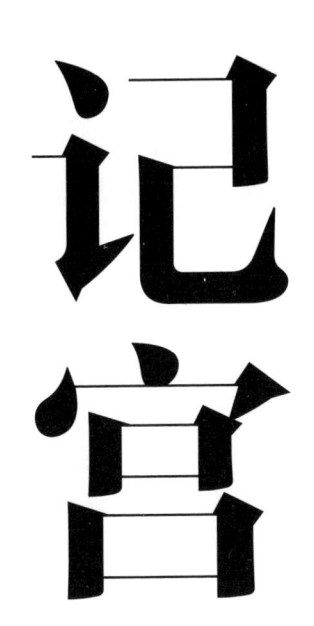

MIND PALACE

一学就会的
超强记忆术

柯隆多 著

中国纺织出版社有限公司

内 容 提 要

世界记忆大师柯隆多总结多年记忆法教学经验，提纲挈领地将记忆法入门的核心要点总结成这本《记忆宫殿：一学就会的超强记忆术》。无论你是带着成为竞技记忆高手的目的，还是通过某次考试的实用目的阅读本书，都会有所收获。因为本书从记忆法的基础开始，讲述了记忆法入门、记忆法进阶和记忆法实战的整个"升级"过程。对于记忆宫殿感兴趣的读者，也能在本书中了解这一高效记忆工具的奥秘。

此外，本书创造性地总结了记忆法中的重要工具——数字编码的多种流派，并给出了记忆法万能公式，让初学者也能快速领略记忆法的魅力。

图书在版编目（CIP）数据

记忆宫殿：一学就会的超强记忆术 / 柯隆多著. —— 北京：中国纺织出版社有限公司，2023.3
ISBN 978-7-5229-0312-5

Ⅰ.①记… Ⅱ.①柯… Ⅲ.①记忆术 – 通俗读物 Ⅳ.①B842.3-49

中国国家版本馆CIP数据核字（2023）第020792号

责任编辑：郝珊珊　　责任校对：高　涵　　责任印制：储志伟

中国纺织出版社有限公司出版发行
地址：北京市朝阳区百子湾东里A407号楼　邮政编码：100124
销售电话：010—67004422　传真：010—87155801
http://www.c-textilep.com
中国纺织出版社天猫旗舰店
官方微博 http://weibo.com/2119887771
鸿博睿特（天津）印刷科技有限公司印刷　各地新华书店经销
2023年3月第1版第1次印刷
开本：710×1000　1/16　印张：12.5
字数：128千字　定价：58.00元

凡购本书，如有缺页、倒页、脱页，由本社图书营销中心调换

序
PREFACE

大家好，很高兴能以这种方式和你们对话！在这本书中，我会将我多年来的记忆心得和记忆系统，毫无保留地呈现给大家，引领你们进入记忆法的神奇世界！

很多人以为记忆力就是天生的，后天没有办法改变。但是我认为人的记忆都有着一些通用规律，在没有找到规律之前，背书就像无头苍蝇毫无头绪地四处乱窜。但当你找到这个规律之后，背书则像喝水一样畅快自如，得心应手。而这个规律就是记忆法，即通过记忆的方法和技巧来提升我们的记忆效率。

好消息是这个方法很简单，而且有效，几乎所有人都能快速地学会。

记忆法其实是一门"偷懒"的学问。我最开始为什么学记忆法？就是为了节省自己的记忆时间，从而提高学习效率。学以致用以后，我发现大部分人都有这样的困惑，于是从最初的自己"偷懒"转变为教大家"偷懒"。这也是一段非常有趣的经历。

我从事记忆力培训多年，先后教出6位"世界记忆大师"，辅导大量学员提升中高考成绩，通过一建、消防、教编、研究生等考试。

在教学过程中，我总结了大多数人背不下来书的一些原因：

1. 书太多了，不想背
2. 书本很难理解，太难背了
3. 明天就要考试了，时间不够，越着急越记不住
4. 我不喜欢这个专业，不背
5. 玩游戏，刷视频，没有心思背书

……

于是我就在想，如果解决了这些问题，我们的记忆力是不是就会有非常大的提升？

从这些问题出发，研究解决之道，最终还真就发现了很多的处理方法。但是方法太多也太杂，不方便普通人掌握。这时候我又在想，有没有一种方法，可以解决所有的记忆难题，通过这个方法，可以快速地记忆所有的内容，一劳永逸呢？

很多的记忆问题合并成了一个全新的问题，那么只要解决了这个问题，就等于掌握了提升记忆力的秘诀。

我将所有问题的原因都归咎于"难记"。无论是太多也好，太难理解也好，不喜欢也好……最终的结果都是难以记忆。有难记的自然就有容易记的，在记忆容易的内容时，记忆效果会非常好，而且不会感觉到太大的负担，有时候甚至没想着记，自然而然就记住了。

转换一下思路，内容太多就把它变少点，太难理解就变得容易理解，时间太短就提高记忆速度，不喜欢就变成喜欢的，容易受到干扰就使注意力变得集中……最终的结果就是记忆变得容易！

那么问题的答案便呼之欲出：

将难记的变为容易记的。

这是所有记忆法共同的目的，我的记忆法里也只有这么一个法则。只要掌握了这个法则，任何的信息都能快速记住。但是学习需要过程，具体的操作也需要经过实践。我们先掌握这个结论，再带着问题的答案去阅读本书，相信你会茅塞顿开。

2022 年 11 月 1 日

目 录
CONTENTS

01 第一章
记忆法的基本逻辑

| 第一节 | 记忆法介绍 | 003 |
| 第二节 | 记忆法原理 | 009 |

02 第二章
记忆法基础

第一节	想象力	019
第二节	编码系统	026
第三节	提升专注力	032
第四节	数字记忆	034
第五节	抽象词转换训练	037

03 第三章
记忆法入门

第一节	压缩口诀法	047
第二节	串联记忆法	051
第三节	关键词提取法	056

| 第四节 | 故事法 | 062 |
| 第五节 | 反向记忆法 | 065 |

04 第四章 记忆法进阶

第一节	文字桩记忆法	069
第二节	标题桩记忆法	071
第三节	人物记忆法	074
第四节	以熟记新法	079
第五节	类比记忆法	080

05 第五章 记忆宫殿

第一节	记忆宫殿典故	089
第二节	记忆宫殿的使用	090
第三节	记忆宫殿的建立	096
第四节	记忆大厦	099

06 第六章 记忆法实战

| 第一节 | 短句记忆法 | 105 |
| 第二节 | 简答题记忆法 | 109 |

第三节	表格记忆法	113
第四节	选择题记忆法	121
第五节	公式记忆法	123
第六节	单词记忆法	126

07 第七章 记忆法万能公式

第一节	M（memory 记忆）	131
第二节	P（people 人物）	132
第三节	A（action 动作）	135
第四节	O（object 物体）	136
第五节	S（scene 场景）	138
第六节	L（logic 逻辑）	144
第七节	M=P+A+O+S+L	145

08 第八章 记忆法扩展

第一节	费曼学习法与记忆法	151
第二节	复习计划	153
第三节	番茄时间管理法	155
第四节	思维导图与记忆法	157

09 第九章
记忆升级系统

第一节	数字编码	163
第二节	千位数字编码	167
第三节	游戏数字编码	171
第四节	抽象词库	174

10 第十章
记忆法常见疑问

第一节	记忆法会影响理解能力吗	179
第二节	背一本书需要多少地点桩	179
第三节	地点桩越多越好吗	181
第四节	如何重复使用地点桩	182
第五节	实用记忆和竞技记忆的关系	185

后　记　　　　　　　　　　　189

第一章
记忆法的基本逻辑

第一节　记忆法介绍

记忆法——提升记忆力的方法。

记忆力一直伴随着我们，无论是学生，还是考试、考证的群体，好的记忆力都会为学习节省大量的时间和精力，让我们过上更美好的生活。

每个人其实都有自己的记忆模式，重复地执行着，有好的模式，也有差的模式。但是很多人明知自己的记忆方法不够好，还是日复一日使用着低效的方法。这是因为很多人无法从之前的错误里吸取经验教训，不愿改变，从而习惯使用过去的模式。

很多人看了记忆法的书籍或资料，了解了别的记忆模式之后，却很少对自己的记忆法进行总结，那么改变起来就很难。首先要了解自己，优缺点是哪些，自己哪里需要提升，这个时候再去改变才是有的放矢。

提升记忆力之前要学会总结自己的记忆方法。或许你在记忆一段文字的过程中会遇到一些问题，而在记忆完成之后，我们一般就会遗忘这个过程，所以大家要时常总结这些问题，并且解决这些问题，解决这些问题的方法就是记忆法。

当你不断完善自我，问题就会越来越少，这时候在记忆方面你就已经趋向于完美，甚至会对再遇到的记忆问题感到新鲜和有趣。改变记忆力的第一步，便是相信自己的记忆能力可以通过方法得到提升。

人的记忆储存在大脑里面。经历过的事情，思考过的问题，包括背过的书都是我们的记忆。研究表明，短时记忆储存在海马体里，长时记忆则保存在大脑皮层。海马体对信息有着传递的作用，就相当于一个"检查员"，它认为重要的信息就会留存下来，认为不重要的信息便会遗忘。所以从"记"到"忆"有个过程，其中包括了识记、保持、再认和回忆。单纯地注重记的效果，而忽视了后期的保持和再认,这样很难会有好的效果,这也就是经常说的"记得快,忘得更快"。记忆法的其中一个优势就是对信息进行编码再加工,方便保持和再认,方便我们更好地回忆,不仅记得快,还要记得牢。

现如今,知识的获取轻而易举,只要接入网络,似乎瞬间获取了无数的信息。科技极大地提升了我们的学习效率,但是记忆能力却没有多少提升。记忆法的学习和使用可以想象成是给自己的大脑升级换代。

1. 记忆方法

记忆方法一般有四种:机械记忆、理解记忆、逻辑记忆和图像记忆。

(1)机械记忆

机械记忆是我们用得最多的记忆方式。具体来说,就是重复地听、读、看、写,也就是俗称的"死记硬背"。学生时期,一般早上都会有一个晨读课,我们在课堂上一遍一遍地读,一遍一遍机械式地抄写……班里总有一些记忆力非常强的,读个两遍就记住。但大部分学生往往是光读进不了脑子。这就是机械记忆能力的差异。

对于个体而言,机械记忆能力随着年龄增长是会有一定的衰退的。但是,伴随着经验的积累,成人的理解记忆能力却远强于小孩子。

事实上,许多人觉得自己小时候记忆力强,现在"年纪大了"所以记不住了,其中不仅有真实的记忆衰退规律的原因,还有对于过去记忆的"美化"。你感觉自己读两遍就记住了,其实在后续的时间里你不断地回忆,也就等于复习了很多次,自然记得更牢了。就像国歌一样,感觉小时候听了一遍记住了,其实在环境中耳濡目染复习了很多遍。

机械记忆的原理便是重复,而重复也是最简单的学习技巧。"死记硬背"其实是一种非常好的记忆方法,用不好只是你不会用而已。

(2)理解记忆

和机械记忆相对的便是理解记忆。理解记忆是建立在对事物内在规律理解的基础上的记忆;理解得层次越深,记忆也就越牢固。理解记忆是比机械记忆更深层次的记忆，而且理解的主观性比较强，一般会运用以往已知的信息对新的信息进行理解。例如，你在阅读或记忆自己专业的书籍时，阅读速度和记忆速度便会快很多。

理解记忆在学生时代应用得比较多的是数学公式和文言文。如勾股定理，直角三角形直角边的平方和等于斜边的平方。我们理解这一定理之后，根本就不需要再花额外的精力去记它。看完文言文的翻译再去背书也会轻松很多，因为理解会极大地减轻我们的记忆压力。这也是老师的主要教学方法，帮助学生理解文字或题目的意义。

有的同学会觉得这就拿到了万能钥匙：那么就都用理解记忆吧！我要给大家泼盆冷水。在记忆的过程中，你会发现有的信息是无逻辑的，根本无法理解，或是很难以你现有的知识储备去理解。这时候就要使用到其他的记忆模式。

（3）逻辑记忆

文字是有逻辑的，无论是从文字本身的构造，还是语法，或是信息内在存在的规律（包括因果关系、递进关系、主次关系、总分关系和并列关系等）。

比如，《三字经》里面有一段，"一而十，十而百，百而千，千而万"，这段文字的规律性非常强，不需要特意地重复，就可以完成背诵，达到不记而记的效果。

由于文字里面存在这样的逻辑，所以我们就可以利用这些常见的逻辑对信息进行整理再加工，让它们变得好记一些！在记忆法里面，我们也要学会人为地创造一些逻辑。

（4）图像记忆

正常人接受外界信息 90% 左右是依靠视觉，所以图像的记忆也非常常见。比如，家人、朋友的样貌，一个物体的形状，看的电视、电影等，甚至中文其实也是一个一个的图像符号。

正是因为太普遍，大家都习以为常，所以很少有人了解图像记忆的威力。其实，只要你了解图像记忆的原理，再稍加些技巧，就能将你的记忆力提升到一个非常夸张的程度。比如，利用图像记忆，我可以在 1 分钟之内记住 50 个随机的抽象词，1 小时记忆 2000 个随机数字。

接下来使用一个案例详细地对这四种记忆方法进行讲解。

消费税的征税范围包括：

烟、酒及酒精、化妆品、护肤护发品、贵重首饰及珠宝玉石、鞭炮及焰火、汽油、柴油、汽车轮胎、摩托车、小汽车。

记忆方法	记忆过程
机械记忆	通过朗读或抄写来记忆，一次朗读的信息数量尽量控制在7个左右，过多的信息很容易读到后面忘了前面。也可以尝试编制记忆口诀，减少一些复述的记忆量。例如：烟酒化妆护玉石，鞭炮油焰摩汽车
理解记忆	找到收税的原因。比如，为什么烟酒要收税？因为过度地消费这些会对人的身体造成危害。此外，鞭炮、焰火、汽油、柴油会对环境造成污染；化妆品、贵重首饰及珠宝玉石，不是生活必需品或属于奢侈品；护肤护发品、汽车轮胎产销数量大，税源足；摩托车、小汽车是高档消费品
逻辑记忆	找到信息内的逻辑，也可以按照自己的逻辑来排列。男人用的：烟、酒及酒精、汽油、柴油、汽车轮胎、摩托车、小汽车；女人用的：化妆品、护肤护发品、贵重首饰及珠宝玉石；孩子玩的：鞭炮、焰火
图像记忆	一位消费者抽着烟、喝着酒、烫着头，脸上擦着化妆品，然后贴上面膜（护肤护发品，前面的烫头代替护发），脖子上戴着金项链和祖母绿的宝石（贵重首饰及珠宝玉石），手里拿着鞭炮，鞭炮爆炸产生焰火，焰火引燃了地上的汽油、柴油，火势蔓延到汽车轮胎上，汽车轮胎是摩托车和小汽车的重要组成部分

机械记忆和理解记忆是传统的记忆方法，大多数人是机械重复地去背书，而老师教授新知识的时候一般会先带着学生理解。

逻辑记忆和图像记忆是新颖的记忆方法，它们强调在信息里找到逻辑，把记忆变成一场游戏。逻辑使联想更加连贯，图像画面使回忆更加清晰。

哪种记忆方法最好？笔者认为记忆方式没有优劣，不同的人群面对不同的信息会采取不同的记忆策略。比如，小孩子在记忆11种消费品的时候，很难使用理解记忆和逻辑记忆，而图像记忆会使记忆变得生动、有趣起来。成人在面对这段信息时，使用图像记忆这种新颖的记忆方法，思路反而会觉得不畅，甚至会觉得幼稚，而在理解和逻辑中找到的规律，会让人眼前一亮，更加有框架性。因此，机械记忆和图像记忆比较适合孩子，逻辑记忆和理解记忆比较适合成人。当然并不绝对，因人而异。

各种记忆方法不是单独存在的。一般来说，理解记忆和逻辑记忆是共存的，完全不理解也很难找到逻辑，发现不了信息的逻辑也很难理解，而任何的记忆方法都离不开机械地复习。灵活运用各种记忆方法才会使记忆力产生质变。

2. 多方法记忆实战

所谓修身在正其心者，身有所忿懥，则不得其正，有所恐惧，则不得其正，有所好乐，则不得其正，有所忧患，则不得其正。心不在焉，视而不见，听而不闻，食而不知其味。此谓修身在正其心。(《大学》)

（1）朗读一遍

朗读第一遍比较慢，第二遍会比第一遍快，大家可以试试。记的速度和回忆的速度成正比，所以使用机械记忆记住之后，读的速度越快，回忆的速度也就越快。通过朗读会发现生僻词"忿懥（fènzhì）"。古文记忆的难点之一便是不认识的字多，最简单的解决方案便是多读几遍。

（2）尝试理解

面对同样一段文字，每个人的理解都会不同，对于国学经典，历史上也有诸多版本的注解。在此，我按照记忆法的角度来进行理解。

修身是什么？健身属于修身，学习属于修身，弹钢琴属于修身，你在看这本书提升记忆力也是修身。修身的前提就是心得正，当你满脑子愤怒，感觉这个说得不对，那个教得不行，心就不会正；当你满脑子都是恐惧，认为"我很笨，学不会"，心就不会正；当你偏好安逸，心就不会正；当你有所忧患，心也不会正。心思不正，这本书在你眼前你也看不到，老师的声音你也听不到，自然也就学不会。比如，你一边吃饭，一边刷着短视频，会发现饭的味道都会淡去很多。

（3）发现逻辑

"修身在正其心"前后重复了两次，只记一个就可以了。而且一段信息的第一句和最后一句最不容易遗忘，叫作首因效应和近因效应，比较适合机械记忆。

"有所……则不得其正"重复了4次，也不用记忆。

为什么重复的不需要记忆？很简单的原理，假设你要记住这段文字，读个10遍不为过吧？这段文字读10遍，"有所……则不得其正"就重复读了40遍，机械记忆已经完成了，所以也不需要额外记忆。

（4）图像记忆

"心不在焉，视而不见，听而不闻，食而不知其味。"这段文字可以缩略为"心、视、听、食"。

确定要记忆的内容再去使用记忆法记忆，这时候我们使用自己最熟悉的身体来帮助记忆。古时候的"心"大多是指思想，在我们的头上（心不在焉），头顶下面正好是眼睛（视而不见），眼睛下面是耳朵（听而不闻），耳朵下面是嘴巴（食而不知其味）。

根据"头、眼、耳、嘴"自上而下的图像回忆出这段文字，自上而下也是一种逻辑。

当确定记忆完成之后，再使用"以熟记新"的技巧来记忆剩下的关键词。

忿懥，恐惧，好乐，忧患。

人的心会怨恨愤怒（忿懥），眼睛看到可怕的东西会恐惧（恐惧），耳朵喜欢听好话（好乐），嘴巴吃的食物的安全性让人忧患（忧患）。

任何的记忆方法都离不开机械重复的记忆，整体再复习两轮，复习过程中查缺补漏，完善记忆。

虽然打的字很多，但是细想下这段内容的关键信息只有四个字——心、视、听、食。以尽量少的关键字记忆尽量多的内容，这也是记忆法的核心所在。

记忆这段文字，我们糅合使用了多种方法。机械记忆提高了回忆速度，理解记忆加深了印象，逻辑记忆提供了框架，图像记忆增加了回忆线索。并没有孰优孰劣之说，即使是逻辑记忆所谓的"不记而记"技巧，也需要通过机械记忆来补充。

3. 记忆力太好其实也会造成烦恼

曾仕强曾说过一个故事：上海有一位画家，记忆力超群，过目不忘，一次能画十个人的人像。让他们一排坐好，他上去逐一记住他们的脸，再一次性画好这十幅画。最终的结果便是（画家）得了精神病，一到晚上睡不着，满脑子都是别人的脸，几百张脸在脑海里旋转。

类似的"超忆症"患者，有的是因为左脑受伤，有的是自闭症患者。庞杂的记忆甚至会使人无法正常交流。我们都是普通人，没必要达到那种程度，我们需要提升的是在遇到自己想记的内容时，可以轻松记住的能力。

第二节　记忆法原理

在学习记忆法之前，我们要了解记忆法的基础原理。在理解原理的前提下学习记忆法，方能领悟独孤九剑，无招胜有招。

1. 无意识记忆和有意识记忆

在讲解记忆法的操作原理之前，我们要了解记忆状态。记忆主要分为两种：无意识记忆和有意识记忆。无意识记忆是指在记忆的过程中没有什么目的性，也不用花费额外的精力，如看电视、电影、听音乐，或者是别人说故事时的记忆等。这种记忆的优势很明显，整体记忆过程没有任何压力，比较轻松。有意识记忆则有一定的目的性，是指刻意地去进行记忆，如背书、背单词、记人名、记表格等。它的记忆效果要远强于无意识地去记，不过背书的过程消耗脑力。我们前面讲的几种记忆方法都属于有意识记忆，包括记忆法。

要注意的是，这里所提到的"无意识"和"有意识"不完全等同于心理学中的概念。更准确的区分方法是，是否付出意志努力。在看电视时，我们会有意识地去理解情节内容，甚至会思考故事情节中不合理的成分。此外，电视的内容常常是新奇有趣的，是兼有画面、声音等内容的，自然能够吸引我们的注意力。因此，在看电视时，我们不需要付出太多的意志努力就能记住很多内容。而在背书时，我们面对的常常是较难理解的内容，而且通常是枯燥的黑白文字。在这样的情况下，"逼迫"自己去记忆，就需要付出更多的意志努力。

这种"无意识"和"有意识"的状态，受到记忆物本身的特征和自身的状态的影响很大。当状态极佳时，需要有意识记忆的内容也可能"无意识"地记住，而状态不佳时，非常容易记忆的内容也可能像水中月、镜中花一样消失于意识的捕捞。

2. 具象化和抽象化

具象化是指把抽象的东西表现出来。具象化能力实际就是想象力的一种，具象出的内容是多种多样的，不只有视觉图像，还包括听觉、味觉、嗅觉、触觉等形象感觉。

比如，万有引力这个抽象的理论，我们可以具象地通过苹果砸向牛顿，或者水往低处流呈现出来。把看不见的、不容易理解的，变成能看到的、容易理解的。

再如，悲伤，具象化就是眼泪；衰老，具象化就是白发；温暖，具象化就是太阳；天真，具象化就是小姑娘；邪恶，具象化就是恶魔；时间流逝，具象化就是白驹过隙、光阴似箭、昙花一现。

记忆法本身亦是抽象的内容，我们把它具象化成"记忆宫殿""思维殿堂"等形象直观的画面。具象化在记忆法背书中的体现，便是把抽象的信息转变为具体的画面或行为。

具象化记忆信息案例

政府是主导，企业是主体，市场是导向。（行测常识）

开个商场，需要政府牵头（政府是主导），企业入驻（企业是主体），服务好客户，市场才会买单（市场是导向）。

与之对应的便是抽象化。抽象化便是将具象的东西抽象地表现出来。我们先具象化地表达出来，有一头大"象"，把它的肉和内脏都去除，剩下来的便是这只大象的骨骼。将多余的不需要的内容剔除，这个过程便是抽象。

比如，苹果落地，水往低处流，雨水落地，从这些具体事物概括出共同的方面、本质属性与关系等，就可以总结出"万有引力"。蒙台梭利数学教育方法的基本原则之一是鼓励儿童从具体的例子转向抽象思维。

从现象看本质，从相似的现象或物体中发现规律，我们就可以很容易地把它们关联起来。运用到记忆法中，我们也可以找到知识点的共同点来进行记忆，类似的记忆法如单词的词根词缀法。

抽象的缺点就是比较难学习，如果没有一定的同类知识储备，很难推导出真正的理论。不过在记忆法里就不需要这么复杂，我们只需要从中找到能帮助记忆的思维模式就足够了。

抽象化记忆信息案例

吉他　手风琴　短号　笛子　小提琴　唢呐　大提琴　竖琴　电吉他　小号　箫　长号　电贝司　大号　中提琴　钢琴　圆号　管风琴　电子琴

吹管乐器：笛子、箫、唢呐；

弦乐器：小提琴、中提琴、大提琴、竖琴、吉他、电吉他、电贝司；

铜管乐器：小号、大号、短号、长号、圆号；

键盘乐器：钢琴、电子琴、管风琴、手风琴；

3. 记忆的三个维度

记忆法可以提升记忆力，那么究竟提升记忆力的哪些方面？笔者认为主要看三个维度：速度、宽度和深度。

（1）速度

背书速度快、速度慢，这个很好理解，同样一首诗，A需要5分钟能记完，B只需要1分钟，那么B的记忆速度优于A。速度越快，效率越高，记得快是我们评判记忆力好坏的重要指标。

（2）宽度

宽度在"记忆大师"这个圈子里比较流行，记忆宽度一般是指一次记忆不出错的能力，准确度也包含在宽度里。

"你一遍能记多少数字？我能记 80 个不忘。"

"我状态好点能记 160 个，状态差只能记对 120 个。"

宽度在我们平时学习中的体现也很明显。背书记到后面忘了前面，复习了前面又忘记中间，这就是宽度较小。记忆内容超过自身的记忆宽度就会造成遗忘，理想状态下是一遍就全部记住，但现实是一般只能记住 7±2 的组块。

（3）深度

深度是指记忆的留存率，根据艾宾浩斯遗忘曲线，记忆无逻辑音节一天之后的记忆留存率为 33.7%，而理想状态下，是昨天记的今天能百分百想起来，前天甚至去年记的今天都能想起来。根据保持的时间，记忆可分为瞬时记忆、短时记忆和长时记忆。

柏拉图提出过一个"蜡板假说"，他认为人的记忆就像在蜡板上留下的痕迹一样，随着时间的推移，蜡板会归于平滑，导致遗忘。这个学说虽然不准确完善，但是这个比喻很形象地将我们的记忆深度表现出来，在记忆的时候，有些记忆很容易遗忘，相当于在蜡板上留下了比较浅的痕迹，而有的记忆感觉终生难忘，则是在蜡板上留下了深深的一笔。拿我们日常的记忆来对比，死记硬背留下的痕迹是非常浅的，只好通过重复，一遍一遍在大脑里刻画。记忆法处理过的信息留下的痕迹则比较深，通过联想和图像，在大脑里勾画出一幅幅令人印象深刻的画面。所以还有一个隐藏的记忆法法则：把容易忘的变成难忘的。

再思考一个问题：速度、宽度和深度哪个比较重要？其实这三个维度都很重要，如果光考虑记得快（速度）、记得多（宽度），不考虑记得牢固（深度），今天是记得很开心，第二天全都忘了，也是一场空。只考虑深度也是不行的，一天时间就背了一个单词，两天就背了一首诗，记得是很牢固，但是效率太低了。

竞赛主要追求的是记得快、记得多（速度和宽度），实用背书主要追求的是记得牢固（深度）。

4. 限时记忆法

要想提升，先得了解。那么我们要做的便是了解自己的速度、宽度和深度，这里可以使用限时记忆法。

给自己规定一个时间范围，在这个时间内尝试完成任务。比如：

1 分钟内记忆十个单词

5 分钟内记忆一首古诗

10 分钟内记忆一篇课文

……

这种限时记忆的优势在于：

（a）让记忆时增加一些紧张感，可以抓住你的注意力。如果只是单纯地记忆一段信息不设限，很容易盲目地重复，甚至都不知道自己有没有记住就过去了。限时结束后再加一个检查记忆是否完成的流程，这个流程会让你了解记忆程度，也会让你知道自己哪里遗忘了，进行补充复习，完整记忆。

（b）让你有"自知之明"，知道自己的水平，一天能背多少书。实际上，很多人都没有这种概念，限时记忆也是一种测试，测试你 5 分钟能记住多少内容，从而推导出 1 小时的记忆量。（理论上测试时间越长会越精确，因为人会疲倦，第 1 分钟和第 59 分钟的状态会有不同。）在得到一个以 1 小时为单位的记忆数据以后，再安排学习计划就会容易很多了。假设 5 分钟能牢记 10 个单词，1 小时大约可以牢记 100 个单词，那么高考 3500 个单词，需要用时 35 小时，每天花 1 小时记忆单词，5 个星期可以完成第一轮的记忆。

（c）方便复习，我认为这点是最重要的，也是限时的核心。大部分信息的长度不对等，这导致我们记忆的时长也不对等，记忆节奏混乱（参加过记忆比赛的都会了解记忆节奏的重要性），总是想记完这一整段内容之后再复习，会发现越长的内容回忆越困难。这和我们的记忆宽度有关，所以应尽量按照自己的记忆宽度来安排复习。而这个宽度就要通过测试了解。

（d）正确认知自己的实力，不要高估，也不要低估自己。比如，你背完一段内容，很难知道自己哪些记住了，哪些忘记了，一般的检测方式便是重复默读一遍，这就比较耽误时间，因为有些已经记住的内容是没有必要短时间内多次重复（过度学习）的。

随着你记忆能力的提升，成为记忆高手后，基本在记忆完一遍之后就能清楚知道自己的记忆状态，知道哪些记住了，哪些还有所欠缺，接下来重点复习那些遗忘的内容即可。记忆是一场修行，慢慢升级你的大脑。

需要注意的是，限时记忆要根据自己的情况来进行调整，有的人耐心差，注意力不集中，限时就要短一点。如果设定1小时的限时，结果刚记到5分钟就受不了，这肯定也完成不了。可以逐步加码，1分钟、2分钟、5分钟、10分钟……这样对于专注力的提升也很有帮助。在过程中要注意记录，记录自己的记忆内容和准确率，并进行每日总结，量化管理，调整自己的记忆策略。

5. 把难记的变为容易记的

前面讲了记忆的状态，一个好的状态可以提高效率。然后看下记忆的内容，平时在背书的过程中总会发现，有的内容难记，而有的则很容易记！

内容的不同导致了记忆效率上的变化，所以人们总会想先背容易的，而回忆的时候也会优先回忆起相对容易的内容。比如，比较短的古诗记得特别牢固。但实际学习可不管你背的是简单的还是难的，考卷上出现的或别人问的都是随机的问题。

容易记的信息基本不需要什么方法，看几遍就记住了，所以怎么快速记忆那些难记内容，才是我们记忆过程中需要解决的难题。由此就可以推导出我的记忆法系统，只有一个基本法则：

把难记的变为容易记的！

有这样一个法则带领，其他所有的记忆法的学习都会变得容易很多，甚至大家也可以推导出属于自己的记忆法。

接下来只需要将这个法则细分开来。什么内容属于难记的？

（1）长的

非常长的文字总是会让人望而生畏！就算从记忆时间的角度来说，相似信息情况下，记忆多的肯定比少的所花的时间多，这就会造成难度的提升。比如,《长恨歌》和《静夜思》,你背会了哪个？

（2）无逻辑

很难从信息本身出发找到规律，杂乱无章，毫无头绪，就像一团乱麻在你面前，不知该如何处理。

（3）陌生的

第一次见的信息，背起来总会慢半拍，甚至读都很困难，更何况记忆？反过来想一下，如果让你现在背《荷塘月色》的节选，因为以前熟悉，哪怕现在遗忘了，读几遍还是能记住大半。

（4）难理解

很多时候我们记忆的文字是无法理解的，或者是以当前阶段的认知无法理解的。比如让一名小学生去记忆高数。

（5）不喜欢

"不喜欢"里面的分类有很多，感觉信息是否有趣，其实就是喜不喜欢这回事。

大多数时候，"不喜欢"是大脑在欺骗你，比如，大家明明知道只有学习以后才会有发展，但是你的大脑总是会欺骗你，驱使你去玩会儿游戏，去刷会儿短视频……这也是大脑的机制导致的，大脑不喜欢高耗能的事情！

那么，如何把难记的变为容易记的呢？

（1）把长的变为短的

长的内容就相当于一块很大的蛋糕，一口根本吃不下去，所以最简单的处理方式就是将它切割开，一次只吃一小块，这就是记忆宫殿能在短时间内记忆大量信息的原理：将信息进行拆分记忆。或者把它压缩再进行记忆，就像压缩饼干一样。

（2）把无逻辑的变为有逻辑的

在一段毫无逻辑的信息里找到逻辑，相当于把记忆转变为一场解密游戏。

诺贝尔奖的种类：诺贝尔物理学奖、诺贝尔化学奖、诺贝尔经济学奖、诺贝尔和平奖、诺贝尔生理学或医学奖、诺贝尔文学奖。

创造一个逻辑进行记忆：诺贝尔发明了炸药，由炸药我联想到了战争，战争发生会失去和平（诺贝尔和平奖），战争双方制造物理武器和化学武器（诺贝尔物理学奖、诺贝尔化学奖），导致战场士兵伤残，需要医生（诺贝尔生理学或医学奖），战争自然也会导致经济危机（诺贝尔经济学奖），还会衍生出各种战争文学著作（诺贝尔文学奖）。

（3）把陌生的变为熟悉的

一个陌生人在你面前，你们要相互认识，会感觉到一丝尴尬，但是这时候有一位熟人突然出现，开始为双方引见起来，整个场景就会热络很多。比如我的名字"柯隆多"挺难记忆的，但是如果你学过历史，知道清朝有位叫"隆科多"的，记忆就变得轻松了。

（4）把难理解的变为容易理解的

同样的信息，每个人的理解程度都不同，所以主观性非常强，一般是把不懂的领域的知识类比到自己熟悉领域里。比如把地球比作一枚煮熟的鸡蛋，地壳就是最外面的鸡蛋壳，地幔就是中间的蛋清，地核就是蛋黄。

（5）把不喜欢的变为喜欢的

喜欢或是不喜欢这个主观性比较强，但无论喜不喜欢，考试还必须要考，那么这时我们可以转换下思路，欺骗下自己的大脑，暗示自己喜欢学习。背书时暗示自己能记住，虽然听着有些不靠谱，但确实是有效的方法。或者将背诵与自己喜欢的事情挂钩，比如背完这段文字之后休息几分钟，想象看完这本书或是通过考试后犒劳一下自己。

第二章

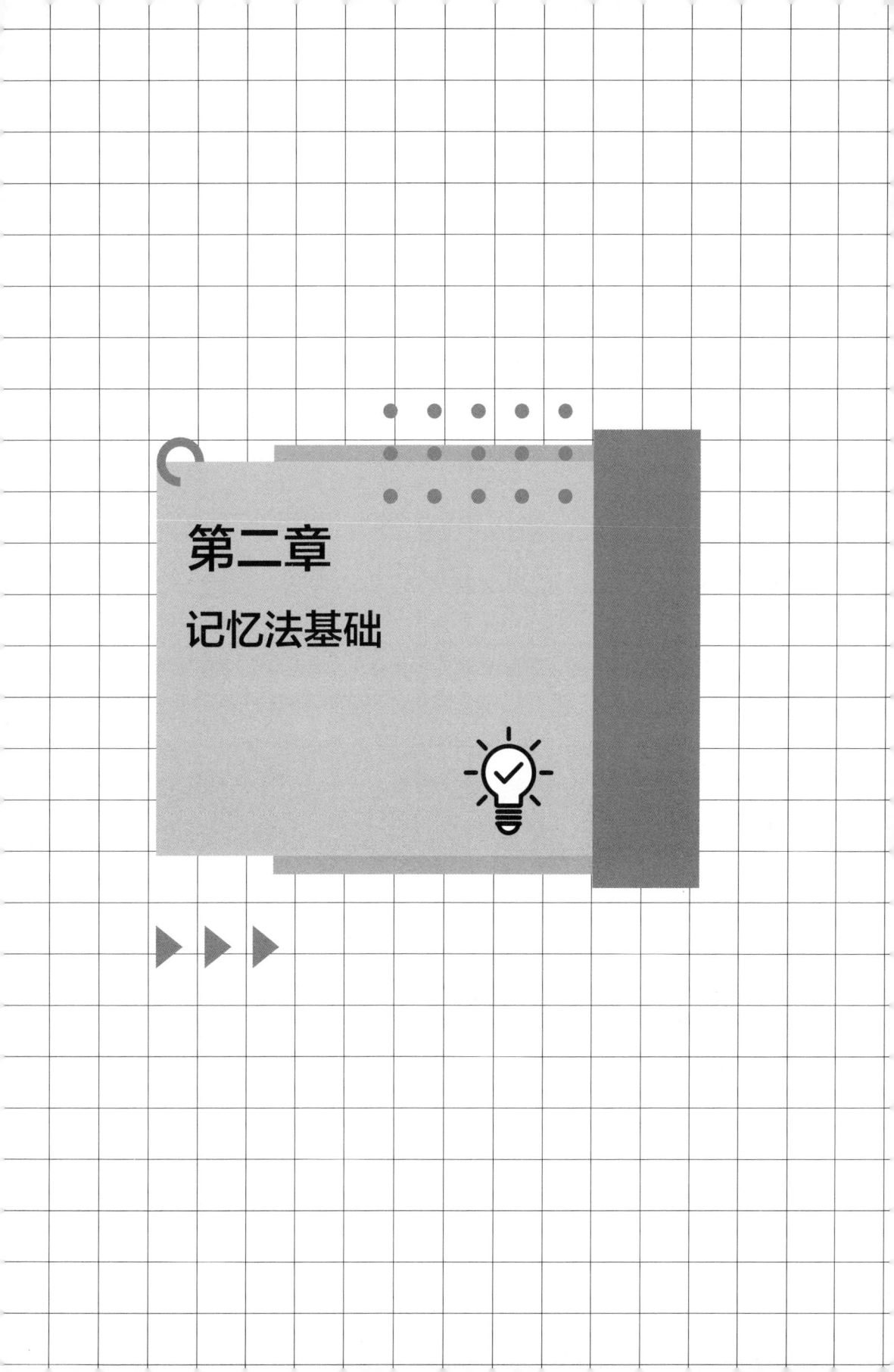

记忆法基础

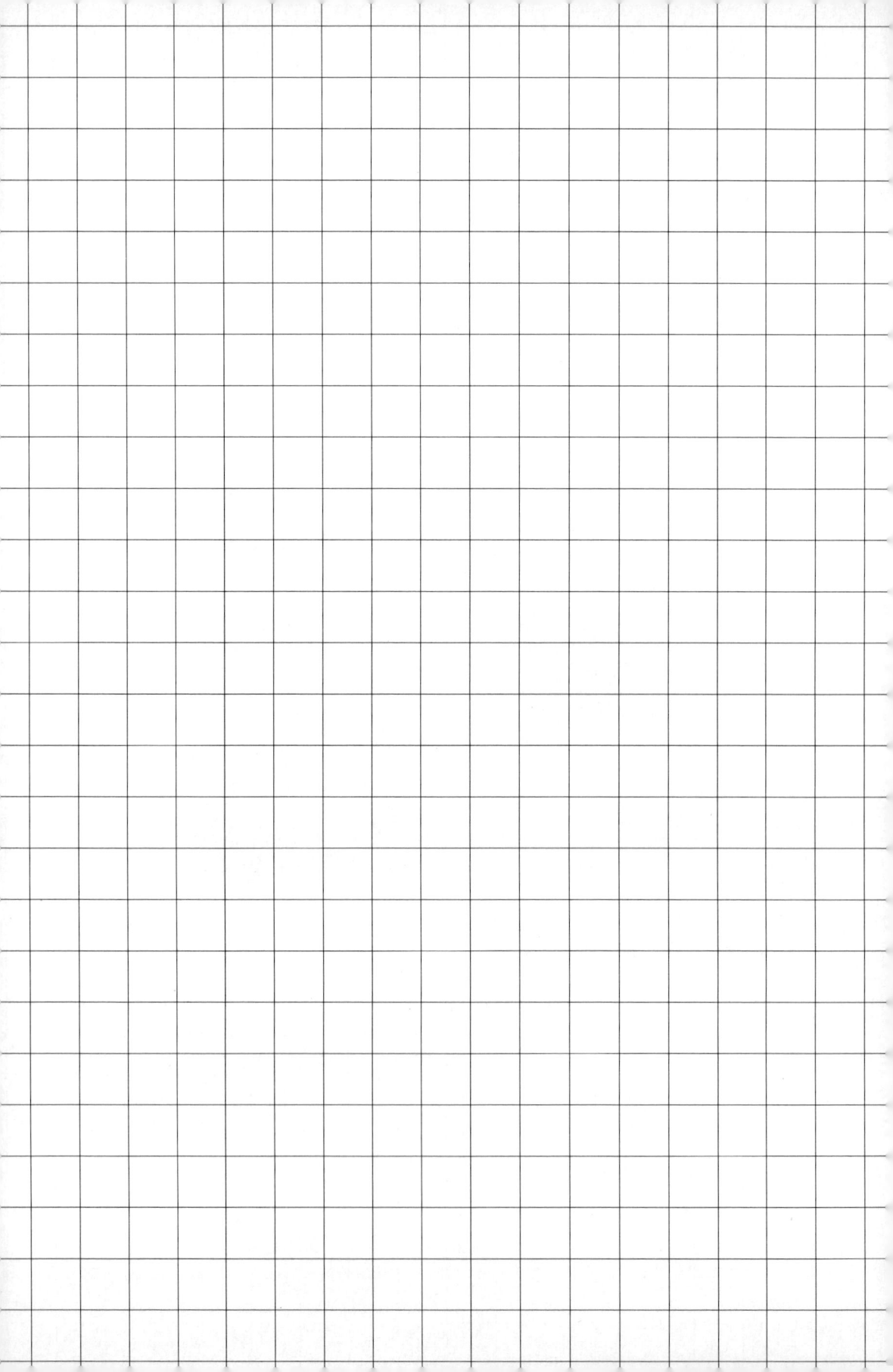

第一节　想象力

世界上有一个关于记忆力的，只有少部分记忆高手才拥有的称号——"世界记忆大师"。如果说这些"记忆大师"们有什么共同点，那么必然是他们都拥有着丰富的想象力！他们可以运用想象力将自己的记忆能力提升到远超常人的程度。如果你喜欢胡思乱想，甚至有些"中二"，那么恭喜你，有成为"记忆大师"的潜力。

想象力是人在大脑里对已储存的表象进行加工改造，形成新形象的心理过程。想象力是人脑的一种强大功能，属于右脑的形象思维能力。

想象力在提升记忆力上的帮助包括："想"是联想的能力，"象"是心象的能力，两者相辅相成，缺一不可。

1. 联想

联想是由某人或某种事物想起其他相关的人或事物。在记忆法中就是利用事物间的联系达到记忆的目的，由难联想到易。在记忆法里的体现主要是两点：发散思维（一生十）和辐合思维（十合一）。

（1）发散思维

发散思维又称辐射思维，是一种扩散式的思维模式，比如"一物多用""一事多想"等。发散思维在记忆法里的体现方式是，由一个东西发散想到其他的事物，比如：

瑜伽	网球	跑步
跳高	运动	球鞋
健身	游泳	足球

还可以再进行发散：

C罗	梅西	球场
裁判	足球	球门
红牌	体育	草地

一生二，二生三，三生万物……发散思维是非常有趣的思考方式，大家可以多做些练习，对于联想能力的提升很有帮助。随手拿起一个物体，无限地发散下去吧。

（2）辐合思维

辐合思维又叫求同思维，和"发散思维"相对，是将信息进行整合归一。在面对大量信息的时候，经过整理再去记忆就会特别有效。

辐合思维在记忆单词里运用得较多。例如，下列单词有什么共同点？

alone moner zone bone boney lonely cone coney conest mone money phone

是不是都拥有一个"one"？那么就可以通过共同点将这些单词整合在一起记忆。这种"共同点"有时不是显而易见的，而是通过逻辑推导出来的。

举个例子，请你尝试寻找下列十个词语的"共同点"：

系统　应用　保护　能量　信息　照片　音乐　智能　工具　思考

它们之间看似毫无关联，但通过辐合思维，我找到了一个适合的具体的事物——手机。

手机拥有操作系统，可以下载应用。手机可以套上保护套。手机电池充满能量，可以发信息，拍照片，听音乐。现在基本都是智能手机，但手机本身就是一个工具，没有思考的能力。

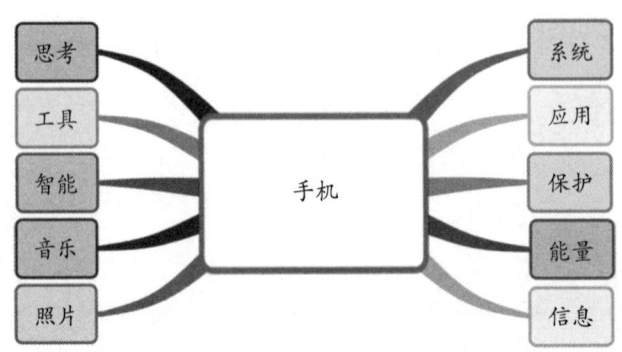

这十个词语可以辐合到"手机",其实反向操作也可以,即由手机发散出这十个词语。"发散"和"辐合"是相对的。也可以用电脑、笔、书……发散之后再找到共同点,也可以辐合记忆上面的十个词语,大家可以自己尝试下。

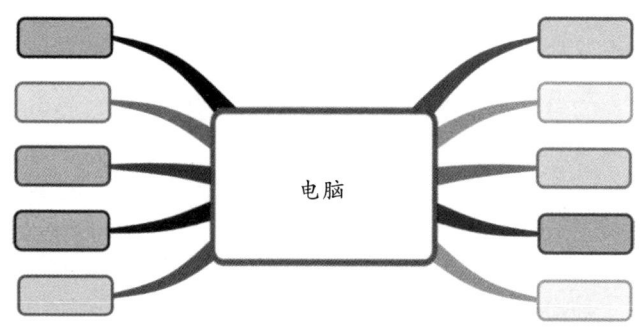

(3)每个人的联想都不同

很多人会说:"老师,你的联想能力真的太强了,什么千奇百怪的都能想到。"其实并不是这样。我们的联想都有规律,就是自己大脑中存在的事物,而且越熟悉的话会越好联想到它。比如,我经常拿手机来进行举例,因为我们现在基本上离不开手机,一天看手机的时间甚至会比陪家人的时间还要多很多,所以我们对于手机的应用,还有它的一些功能会非常了解。然后我们看到相对应的一些词语的时候,自然而然就会联想到手机。如果一个人一辈子都没见过手机,那么他的联想中肯定不会出现手机。联想的结果还是属于已知的记忆。

我再举一个例子:

发明和制造工具是人类社会发展与进步的标志。从农业社会到工业社会,人类创造、发明了许许多多生产、生活所必需的工具,极大地提高了劳动效率和生活质量,同时也推动了社会不断进步。

根据这段信息,我联想到火柴和打火机。从火柴到打火机,这是工具的进步,也是人类的进步,提高了劳动效率和生活质量。

实际情况是,火柴要比打火机发明得晚。打火机发明于16世纪,火柴则发明于19世纪。这个联想本质是错误的,但还是可以帮助记忆这段信息。认知不同,记忆不同,联想自然也不同。

联想是内心的映射。所以很多时候我可以根据学员的记忆联想,来判断这个人所处的记忆法层级,还能根据联想看出一些文化程度、思想境界、个人喜好和其他的东西。

(4)联想不是瞎想

联想不是胡思乱想,具体的方向有以下四点:

①熟悉。你的想象是基于你以往的经验进行的再创造。比如,我们根据餐具联想到的大多是碗筷,外国人则可能想到刀叉。越熟悉的事物联想的速度也就越快,出的图像也就越清晰。

②逻辑。出图也要基于逻辑,比如一只猪在天上飞,电脑在跳舞,明显会令人感到违和,联想时会感到排斥,这就是不符合我们的认知习惯导致的。

③关联。关联越紧密,回忆的效果也就越好。比如:"主体"一词,我联想到一个猪蹄或是一个个体户老板,读一遍就会发现,猪蹄要比老板好回忆起"主体"这个词。

④联结。脑海中成像以后会发现,不同形象之间是一种"半空"的状态,这时候需要将它们有序地组合起来。最简单的组合方式是借助动作。比如:对于香蕉、海豹这两个形象,想象把香蕉塞进了海豹的嘴里。

有的人认为夸张、荒诞、不讲逻辑的联想会令人记忆深刻,这不是完全准确的。影响记忆的关键点在于独特性。

比如我们平时上课或是学习时,一位平时非常正经的老师,突然某一天开了一个非常搞笑的玩笑,大家就会印象非常深,因为这出乎了大家的意料。同理,一位平时上课风格非常幽默,非常和善的老师,突然一本正经非常愤怒地说一个道理时,也会让你为之一振,难以遗忘。

我们可以使用独特性来提高被别人牢记的概率。比如,在自我介绍时说"我是这里记忆力最好的、最幽默的……"找找优点,为自己打上独特的标签。

(5)联想应当简洁

我曾与一位记忆大师朋友聊过记忆法的一个"弊端":本来一段文字只有

50字左右，但是经过联想描述之后变成了100多个字。确实是记得牢固了，但是联想变长了，复习的时候也变麻烦。对此，我的观点是：

①有的时候描述出来的文字是100多个字，但是它的实际图像非常简洁。逻辑图像可以承载更多的信息，这样你在复习和回忆的时候也会非常省力。

②有的时候关键词抓得不准，或是联想得不够精确，导致了过多的记忆和联想，这时候要检讨自己并不断提升自身水平。如果你是记忆讲师，则需要在课后不断地优化联想。

③联想要优化，以尽量少的图像记忆尽量多的文字，再以尽量少的文字描述完整的记忆流程即可。如果有些内容总是遗忘，可以在后续加深和补充联想。

2. 心象

图像记忆在记忆法中占据着很大的篇幅。图像会使回忆更加轻松，而心象是大脑里的"图像"。当你在脑海里回忆或是构建一幅画面，这种"图像"可以根据自己的联想方向任意调整。我们只需要将文字和图像通过联想构建好一个牢固的关系，比如：1像树木，2像鸭子，3像耳朵，4像帆船，再利用形象思维对心象进行加工，形成自己需要的图像，就可以利用这些图像去记忆文字。

心象法记忆案例

天有不测风云，人有旦夕祸福。蜈蚣百足，行不及蛇；雄鸡两翼，飞不过鸦。马有千里之程，无骑不能自往；人有冲天之志，非运不能自通。(《寒窑赋》)

具体记忆过程：

天有不测风云，人有旦夕祸福。

1 树：树上乌云密布（天有不测风云），树下有人躲雨，被闪电劈到（人有旦夕祸福）。

蜈蚣百足，行不及蛇；雄鸡两翼，飞不过鸦。

2 鸭子：鸭子叼着蜈蚣，蜈蚣追着蛇（蜈蚣百足，行不及蛇）。蛇缠绕住公鸡，公鸡拿翅膀扇飞了乌鸦（雄鸡两翼，飞不过鸦）。

马有千里之程，无骑不能自往。

3 耳朵：千里马长着大象的耳朵，非常沉重（马有千里之程）。马背上有个无头骑士（无骑不能自往）。

人有冲天之志，非运不能自通。

4 帆船：人是如何上天的？通过宇宙飞船，它和帆船一样都是船（人有冲天之志）。宇宙飞船如果没有运载火箭也不能上天（非运不能自通）。

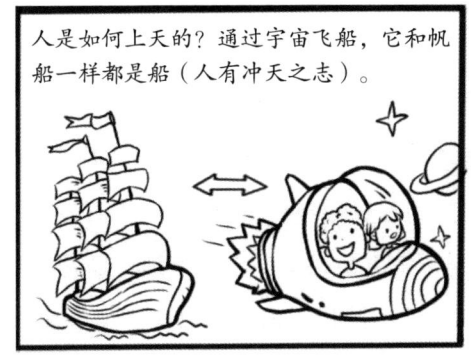

在记忆法的操作过程中会出现很多画面，用于加深记忆痕迹。而这些画面需要通过你的大脑进行加工。心象的能力对于初学者是一个门槛，一旦跨过后记忆力就会得到很大的提升。

大家可以先简单尝试下，看自己能到哪个阶段。看着眼前的这本书，想象书上面有一个红色的苹果。如果觉得困难可以闭上眼睛来辅助成像。再增加下难度，苹果上面有一只绿色的毛毛虫，毛毛虫背上有红色的刺，刺上面扎满了一个个的小苹果。

心象的能力在记忆法里尤为重要。很多初学者很难在脑海里构建出一个完整清晰的画面，更不用提一个动态连贯的动画。而这个能力的训练也是非常有趣的，在大脑里会出现一幅幅画面，每个人的生活经历不同，环境不同，心象也会不同。创造心象的一种方法是联想，由一个事物联想到另外一个已知的具体事物。另一种方法是纯想象，在脑海里创造一个从来没有见过的事物，比如长着脸的苹果。

利用心象法尝试记忆下面的信息，图像要是具体熟悉的物体。

消费税的征税范围具体有：烟、酒、鞭炮、焰火、化妆品、成品油、贵重首饰及珠宝玉石、高尔夫球及球具、高档手表、游艇、木制一次性筷子、实木地板、摩托车、小汽车、电池、涂料等。

我们可以联想到一位消费者，嘴里叼着烟，把烟扔到酒里，烈酒像鞭炮一样爆炸了，产生了焰火。焰火烧花了旁边美女脸上的化妆品，脸上流下很多的成品油。油流到脖子上的贵重珠宝翡翠上。脱下首饰挂在旁边的高尔夫球杆上，然后拿起球杆把地上的高档手表打飞到一个游艇上面。游艇上摆满了一次性筷子，形成了实木地板。地板上有辆摩托车，摩托车撞到了小汽车上。小汽车里有电池，电池着火烧坏了汽车上的油漆涂料。

闭目回忆一下。想象画面时尽量要生动，要有图像，最不济也得有个大致的轮廓。如果连轮廓都出不了，可以按照自己的想法出一个替代的画面，自己知道画面代表的物品就行。如果还是想不出来或是画面太过模糊，最简单有效的方法就是掏出手机，搜索一下词语对应的图片。对于抽象词，此法依旧有效。

运用心象，你可以自由地编排任意的故事，在背书的时候，你就是你自己的导演。随着 AI 作图能力的提升，未来我们可以任意地编造故事，其余的都交给程序。

第二节　编码系统

如果说超强的想象力是"记忆大师"们的特殊能力，那么编码法一定是人人可学的秘诀。记忆宫殿可以通过编码法记忆任何信息，这个和二进制的编码原理类似，任何的信息都可以编码成二进制储存在电脑里，任何的信息也能通过编码储存进大脑里的记忆宫殿。所以编码能力是记忆法学习过程中的重中之重。

1. 数字编码

这里我们先说一种每位"记忆大师"都有的编码系统：数字编码。这是我的数字编码表，可以作为一个参考。

0 鸡蛋	12 婴儿	34 绅士	56 蜗牛	78 青蛙
1 铅笔	13 医生	35 珊瑚	57 武器	79 气球
2 鸭子	14 钥匙	36 山鹿	58 尾巴	80 巴黎铁塔
3 耳朵	15 鹦鹉	37 山鸡	59 五角星	81 白蚁
4 帆船	16 石榴	38 妇女	60 榴梿	82 靶儿
5 钩子	17 仪器	39 三角板	61 老鹰	83 一把伞
6 哨子	18 腰包	40 司令	62 牛儿	84 巴士
7 锄头	19 药酒	41 司仪	63 硫酸	85 白虎
8 葫芦	20 香烟	42 柿儿	64 螺丝	86 八路
9 网球拍	21 鳄鱼	43 石山	65 尿壶	87 白棋子
00 望远镜	22 双胞胎	44 蛇	66 溜溜球	88 爸爸
01 蜡烛	23 和尚	45 食物	67 油漆	89 芭蕉
02 铃儿	24 闹钟	46 饲料	68 喇叭	90 酒瓶
03 三角凳	25 二胡	47 司机	69 料酒	91 球衣
04 零食	26 河流	48 丝帕	70 麒麟	92 球儿
05 手套	27 耳机	49 狮鹫	71 蜥蜴	93 救生圈
06 手枪	28 恶霸	50 武林盟主	72 企鹅	94 教师
07 镰刀	29 恶囚	51 工人	73 花旗参	95 酒壶
08 自行车	30 三轮车	52 斧儿	74 骑士	96 旧火炉
09 猫	31 鲨鱼	53 乌纱帽	75 蝴蝶	97 酒器
10 棒球	32 扇儿	54 巫师	76 汽油	98 酒吧
11 筷子	33 星星	55 火车	77 机器人	99 灯笼

0~9 和 00~09 为什么编码不同？0~9 是一位数，00~09 是两位数，各自可以针对不同情况。

然后我们需要了解下数字编码的编制原理，总结有四种：音、形、意、强加。

（1）音——谐音

通过谐音来找到关联。一般谐音都是根据声母和韵母来找的，当然使用的语言不同，谐音也不同。

举例：21 鳄鱼，31 鲨鱼，27 耳机，78 青蛙，79 气球，90 酒瓶，50 武林盟主……

谐音是我们用得最多的处理数字编码的方式，因为这种方式的优势足够明显。我们说出数字，就会发出声音或是默念，而谐音利用的就是这样的读音惯性，读出来了编码也就能连带着出来，比如：21 鳄鱼，读起来非常顺口，熟悉和复习起来也会轻松。

（2）形——形状

根据数字的形状进行编码。每个人的见识和生活习惯都是不同的，比如：中国人很容易从 11 联想到筷子，但是国外筷子使用较少，更多地会从 11 联想到梯子。二者皆可，根据自己的联想来。

举例：10 棒球，8 葫芦，00 望远镜，01 蜡烛，03 三角凳，2 鸭子……

根据形状编码借助了视觉，看到 10 就能反应出棒球，反应过程非常迅速，不需要过多的大脑思考和声音。

（3）意——意义

通过数字的特殊意义来进行编码，这个意义需要根据自己的理解来，比如：你的生日是 28 日，那么这个 28 就可以代表你自己。家里有多少人就可以对应不同的数字，这样既能记住编码，又能记住家族成员的生日，一举两得。

举例：24 闹钟（一天 24 小时），20 香烟（一包烟 20 根），99 灯笼（外甥打灯笼——照舅舅），55 火车（火车呜呜叫）……

意义法编码相较于谐音法和象形法不够直观。例如，24—24 小时—闹钟，中间多了一个环节。这种跳跃性的影响就是最开始的熟悉阶段容易遗忘，但是编码熟悉之后，意义的联想有自我的理解在里面，记忆会更加牢固。

（4）强加——强制赋予

数字和编码之间毫无关联，人为地将编码强加给数字，这种方法不常用，所以这里只作简单说明，比如：我将23编码为脸盆。23和脸盆之间有关系吗？真的要建立关系也行，但是没有必要，我就是硬性地强加给它这种关系，23就是脸盆。但是并不是想加什么就加什么，强加还是有一个规则，就是编码物体本身要好用。编码不好用或是很奇怪，那么你在使用的过程中肯定也会难受。可想而知，这样回忆起来会很难，因为毫无关联，记忆时需要死记硬背。

我们使用编码的意义就是为了帮助记忆，如果编码不好用，回忆效果自然也会很差。特别是在竞赛中，对编码的要求会非常严格，所以编码强加法是为了记忆而做的调整。

数字编码对于记忆数字类的信息会非常有帮助，我5分钟之内可以记对324个随机打乱的数字，就是基于这个编码系统。

数字编码是编码系统中非常重要的一环，它不仅是一套数字对应物体的表格，更是对于记忆法的完整体现。数字编码的编码原则就是将抽象的信息处理为具体的图像信息，编制的过程依靠联想能力，具体的图像就要使用到我们的心象，在大脑里图像越清晰，记忆效果也就越好。编码是为了方便记忆，举个数字类的记忆案例：

$$\sqrt{3} = 1.73205080756887\cdots$$

如何记忆小数点后的多位数字呢？首先要对应编码图像：73花旗参，20香烟，50武林盟主，80巴黎铁塔，75蝴蝶，68喇叭，87白棋子。

开头的1不需要记忆，后面的图像一一串联起来，形成一个记忆锁链即可。

由孤独的根号3联想到一个孤独的人，吃着花旗参（适当夸张一些，塞得满嘴都是），拿着香烟（20）递给武林盟主（50），携手一起爬上巴黎铁塔（80），在塔上翩翩起舞（75），跳舞的时候踢翻了旁边的喇叭（68），从喇叭里掉下来很多围棋的白棋子（87）。

2. 单词编码系统

编码这种方式可以推而广之，不但可以用来记数字，也可用来记英文单词。

数字编码的编制原理是音、形、意、强加。这次我们按照"强加—意—

形—音"的顺序来讲解。

（1）强加

国内背单词用得最多的方式，就是强加。"苹果，a-p-p-l-e"，这样重复地读，再重复地拼写。显然，我们需要记忆的有三个内容：读音、意思、拼写。

这三者之间，读音和拼写还会有关联，但是二者与单词意思之间的关联就很难找到。通过重复地一遍又一遍地朗读来固定意思和拼写的组合，缺点可想而知，记得快，忘得更快。

（2）意——意义

根据单词的意义，在单词里面找逻辑，这样的方法可以提高单词记忆效率。词根词缀法正是使用了这种逻辑。比如澳大利亚 Australia，Austral 是南方的意思，加个 ia，就是南方之国。

（3）形——形状

中国的文字是象形的。人——一个人双腿张开站在那；大——一个人张开双手双腿。那么，单词有形状吗？

我们可以自己找，比如：

ok——一个手势

eye——像我们的眼睛

tree——一棵树，树荫（t）下面有草（r）和两只鹅（ee）

这些都是比较短的，也比较容易看到，但是短的单词总是比较少的，我们再看一些长的单词：

elephant——大象的鼻子比较长，和单词前面的 ele 很类似

parallel——平行线，这个单词中有三个 l，相互平行的

上面的这些案例是比较明显的，遇到不明显的单词该怎么找呢？

hungry——饿

这个单词没有明显的特点，但是我想要快速留个印象怎么办？可以人为地建立一个联系：饿了的人浑（hun）身无力。

如果想记完整，加上点谐音：浑身无力的人更容易（"更容易"的拼音首

字母是 gry）饿。

（4）音——谐音

这里的谐音不是传统意义上的用中文去记英文，而是强调单词读音和单词释义组合。例如：

bamboo——竹子

谐音"半步"，我拖着竹子半步半步地走着。

也可以利用拼音谐音记住单词的拼写和意思。

huge——巨大

胡（hu）歌（ge）在电视剧里的衣服是巨大的。

guide——导游

请导游是很贵（gui）的（de）。

所以"音"是为了精确记住每个单词的拼写和释义；"形"是为了有基础印象，快速反应；"意"用于理解单词的基本逻辑；"强加"可以将这几者无缝衔接在一起，查缺补漏。"音—形—意—强加"就组成一套完整的单词编码记忆系统。

3. 常见编码

学习记忆法过程中常见的编码有：数字编码、字母编码、汉字编码、词汇编码和符号编码。

数字编码是我们的基础，一般是0~9和00~99，110位数字编码。后期也可以升级为千位数字编码。

字母编码的体系比较简单，A~Z，共26个，后期升级的方向为增加字母数量，如双字母编码共676位。双字母编码记忆界用得不多，但是盲拧魔方界就比较熟悉了，因为在盲拧中需要记忆魔方棱块和角块的方位。

汉字编码又叫拼音编码。对于初学者来说，练习拼音编码可以极大地锻炼联想能力。

词汇编码又称为抽象词库，但抽象词其实非常多，而且同样的东西我们脑海里的画面也都不同，所以编码是非常个性化的，初学者会在这个阶段训练很长的时间。

符号编码是指一些特殊的符号信息，在记忆时难以处理或是难以很好地还原，这时可以对它们进行编码，方便记忆。比如：夹子（+）、剪子（-）、叉子（×）等。

任何的信息都可以编码成为我们熟悉的信息。例如，颜色信息该怎么记呢？看都眼花缭乱，何况记忆。但其实有了记忆法编码基础就很容易了，我们只需要给颜色赋予编码。赤—红苹果，橙—橙子，黄—黄金，绿—绿草，青—青菜，蓝—篮球，紫—紫罗兰……

第三节　提升专注力

无论在学习什么内容，专注力的重要性都是毋庸置疑的。导致我们无法专注的原因有很多，如糟糕的身体状态，嘈杂的环境因素，对于游戏、手机的渴望，或者是自己根本不想学习，等等。要调动起来自己，适当地给自己一些压力，要有充足的睡眠，身体是一切的根本。找一个安静的环境，关闭不必要的通信设备，静下心来做一件事情。

专注力是专注于做一件事的能力。当然每个人希望专注的事情都不同，我们就以当下的看这本书为例，专注于眼前。

1. 你看书的时候是真的在看书吗

你看书的时候确定在看书吗？看了半天不知道在讲什么，这边看着书那边看着手机，还一边听着相声，你没把看书当回事。学会一次只做一件事。

2. 注意力集中了吗

注意力集中的好处非常多。注意力集中者1小时的工作（学习）量甚至会比你一天的工作（学习）量都大。现在注意力涣散太过容易，而且大部分人都存在着注意力无法集中的现象，我集中注意力的方法只有四个字——事不过三！

我将一天的行为划分为两种，一种是对自身毫无帮助，浪费时间的低级趣味（如打游戏、看小说、看电视剧），另外一种是可以提升自己的高级趣味（如看书、学习、写文章、练字）。

绝大部分人都想着不断学习，不断提升自我，拥有更自由的人生。当低级趣味唾手可得，轻易地就能获得多巴胺的满足时，自制力就显得尤为重要。

"事不过三"就是基于此创造的一个行为模型，每天做低级趣味的事情不超过三次，严格执行。在工作累了的时候可以适当放松下，但是一定要有度。

有的读者自制能力很强，可以对自己要求更高，获得更多高级趣味。

3. 目标、计划

你看这书的目标是什么？你看书有没有计划？

带着问题去看书，会让你更有针对性，认真地在书籍里寻找你需要的答案。如果这本书解答了你的困惑，那么你已经达到目的，如果还有其他的收获那就算是赠品。

如果就是想看这本书，没有任何的目的和问题，单纯地想学习，那么就可以有计划地进行阅读。

第一遍，先快速地大致地粗看一遍，了解书的架构和主要知识点，看看适不适合自己。

第二遍，针对主要的知识点进行详细的阅读，把没有懂的标记下来。

第三遍，带着问题去阅读，逐一解决问题。

4. 空杯心态

"杯子满了"，那又如何装下更多的水。"苟日新，日日新，又日新。"洗澡的时候不仅要洗去身上的污垢，更要清洗自己的内心，每天不断地更新自己。很多人在大学毕业工作之后，就很少看书了，完全没有上学时的谦卑心态，这时候要调整自己，要知道，山外有山，天外有天，低头才能看到更深层次的内容。

5. 看书是为了学习，不是为了找碴儿

看书的时候，避免不了的就是会看到一些自己不认可的观点，或是非常明显的错误，这个时候很多人就不淡定了，发朋友圈炫耀一番。这种指正是很有必要的，但是有的人沉迷其中，而忘了看书的初心，从为了获得知识变成为了抬杠。

第四节 数字记忆

数字在生活中无处不在，生日、手机号码、电话号码，基本都储存在手机里。考试里的数字也是如此，法律条文里判几年，建筑学里的几天，医学里的药量……信息量大，而且特别容易产生混乱，所以一套完整的数字记忆系统就显得非常重要。

1. 数字直接记忆

数字信息的记忆难度很大，逻辑很难找到，但是使用我们前面的数字编码后就变得容易很多。例如：

1415926535

用编码编成故事：钥匙（14）插在鹦鹉（15）身上。鹦鹉叼着球儿（92），球儿掉下来砸翻了尿壶（65），尿壶里面的液体浇在珊瑚（35）上面。

如果是想短时间内记忆大量数字信息，还是得结合记忆宫殿来记忆。笔者1小时能记忆超2000个数字，利用的就是这个方法。

前期很多人不知道如何训练记忆法，可以尝试数字记忆训练，它可以帮助你熟悉数字编码，也能帮助你练习心象能力。

2. 历史年代记忆

历史年代的记忆难点在于两种信息的组合，一种是数字信息，另一种是文字信息。协调好这两种信息就是记忆的关键。

公元前 4241 年，埃及日历开始使用

公元前 479 年，孔子逝世

1969 年 7 月 20 日，人类首次登月

记忆第一句可以使用故事法。

木乃伊（埃及）在撕日历，一会儿撕两张，一会儿撕一张（4241）。

记忆第二句可以让数字和文字建立联系。

孔子死于（4）七十多岁（7），在古代已经是活得很久（9）的人了。

第三句比较长，记忆时可以使用谐音结合数字编码（20 的编码是香烟）。

月球上阿姆斯特朗，一脚留脚（1969）印，顺便吃了根烟（7 月 20 日）。

依照此法，记忆中国的历史朝代：

夏朝　公元前 2070 年　夏天爱吃（20）冰淇淋（70）

商朝　公元前 1600 年　石榴（16）受伤（商）了，里面都是圆的籽（00）

周朝　公元前 1046 年　把粥（周）倒进一桶（10）饲料（46）里

春秋　公元前 770 年　吕不韦（吕氏春秋）骑着麒麟（770）

战国　公元前 475 年　战斗（战国）之前撕（4）开衣服起舞（75）

秦朝　公元前 221 年　秦始皇爱鳄鱼（221）

西汉　公元前 206 年　刘邦爱吹哨子（206）

东汉　公元 25 年　刘秀流着汗拉二胡（25）

记忆历史年代类的信息切忌频繁使用数字编码硬串联，很容易导致记忆混乱。比如：

1069 年　王安石变法开始

联想：王安石把棒球（10）变成了料酒（69）。

这种方式单独使用没有问题，但是历史事件毕竟还有很多，后续会出现若干个 10 和 69，而串联法的联系又不紧密，这就会造成记忆混乱。如果你用过

数字编码记忆手机号码就会有更深的感受。

学会从数字和文字里找到关联，王安石的"石"谐音"10"，6和9可以相互转变（变法）。

记忆历史也可以找到互相关联的信息，彼此印证，加深印象，起到1+1>2的效果，比如乾隆和华盛顿都是死于1799年。

3. 知识点记忆

数字在考试中的应用尤为突出。数字一般是总结后的内容，也是重要考点，同类型的知识点数字内容非常容易混淆。

下面看一个例子。

防渗墙质量检查：

1. 防渗墙质量检查程序应包括工序质量检查和墙体质量检查；
2. 墙体质量检查应在成墙28天后进行；
3. 检查可采用钻孔取芯、注水实验或其他检测等方法；
4. 检查内容为必要的墙体物理力学性能指标、墙段接缝和可能存在的缺陷。

在身边找需要防渗漏的场所，如屋顶。一般高层楼房的屋顶都需要做防渗漏处理。场景有了，核心内容是28天。28的数字编码是恶霸，人物有了，以数字为核心。

想象情境：一群工人去屋顶检查渗水问题（防渗墙质量检查程序）。工人排队按照顺序站在墙体前面（工序质量检查和墙体质量检查）。这群人都是浑身文身，面露凶光的恶霸（28天）。检测方式非常粗暴，在屋顶钻了一个孔（钻孔取芯），向孔里注水（注水实验）。最后的墙体检查内容（检查内容为必要的墙体）是用撬棍尝试撬（物理力学性能指标）墙段接缝，可能会造成屋顶损伤（可能存在的缺陷）。

注意：其他检测方法、可能存在的缺陷、法律规定的其他客体……这类信息不是特别重要，而且有规律，读两遍基本就能记住。

4. 理解记忆数字信息

中国铁路的标准轨距是1435毫米。

如果是用记忆法去记，即铁轨上有一只要死的山虎（1435）。

记忆的效果其实还可以。如果尝试理解着去记忆，就会有新的感受。怎么理解去记？多问为什么。提出问题并且解决问题，这种记忆会让你的印象更加深刻。

为什么中国铁路的标准轨距是1435毫米？因为美国的轨距也是1435毫米。

为什么美国的轨距是1435毫米？因为英国人也是这个轨距。

为什么英国也是这个轨距？因为英国的有轨电车所用的轨距标准是4英尺8英寸，而铁路是由建造电车轨道的人设计的。1435毫米就相当于4英尺8英寸。

为什么有轨电车所用的轨距标准是1435毫米？因为最早造电车的人以前是造马车的，他在造第一辆有轨电车时就沿用了马车的轮距。

为什么马车的轮距是1435毫米呢？因为古罗马人造的罗马战车的宽度就是这个标准。

为什么罗马战车的宽度是这个标准呢？因为4英尺8英寸是两匹战马屁股的宽度。

你还能根据铁轨的轨距得知更多有趣的信息。美国太空飞船的火箭推进器也是1435毫米。火箭推进器的体量大，只能由铁路运输，而路程中会有一些隧道，这些隧道的宽度比火车轨距宽不了多少，所以航天飞机推进器的宽度在2000多年前已经被两匹马的屁股决定了。

第五节 抽象词转换训练

记忆法本质上是一个技能，技能不像知识，学习了就懂了，更需要通过训练掌握，如果说学习占10%，那么练习就占90%。所以最主要的还是练习，如果你是为了背书而学习记忆法，那么该训练的内容便是词汇！

1. 常见词汇种类

这里我们从记忆的角度对词汇进行分类，主要分为三种：形象词、抽象词、动词。

（1）形象词

看得见的，有具体形象的词汇。

比如：植物、花盆、大厦、手机、电脑、电灯、铅笔……

生活中随处可见的。

（2）抽象词

看不见、摸不着的词。

比如：原则、记忆、基本、无可奈何、体系、继续、工程……

日常学习中最常见到的词汇。

（3）动词

动作词汇。

比如：砸、踢、扔、劈、抱、坐、看、听……

平时记忆的文字很少见到，但是它们可以将图像链接起来。

我们来进行两次记忆测试，记忆完成后遮盖住文字：

嘲笑　出生　天国　悦耳　晴朗　耀眼　富贵　明亮　黑暗　悲伤

大象　踩踏　香蕉　泥巴　蚯蚓　绿叶　砸倒　小鸟　抓　毛毛虫

经过了前面的训练，哪个好记些？

再复习下记忆原则：把难记的变为容易记的。这里抽象词是难记的，形象词是容易记的！我们只需要将抽象词变为形象词或是动词再去记忆就会容易很多。

嘲笑　出生　天国　悦耳　晴朗　耀眼　富贵　明亮　黑暗　悲伤

小丑（嘲笑）抱着一个刚出生的婴儿（出生）。婴儿是一位天使（天国），唱出悦耳的歌声（悦耳），歌声使乌云散去，天空晴朗起来（晴朗），太阳也出来了（耀眼）。阳光照到一位富豪（富贵）的眼睛（明亮），导致失明（黑暗），富豪哭了起来（悲伤）。

2. 抽象词转换方法

抽象词也是平时学习中最常见的词汇类型，所以抽象词转换的训练是实用记忆法学习的重中之重。接下来讲解抽象词转换最常用的几个技巧。

（1）谐音法

找到与抽象词语读音相同或相近的具体词语。

例如，31—鲨鱼。

（2）代替法

看到这个词就立马能想到的具体的事或物。

例如，搞笑—小丑。

（3）含义法

根据词语本身或词语在句子里的意思联想出图。

例如：光荣——一个人举着奖杯。

（4）拆字法

这是一种万能转换法，即拆开文字进行联想。

例如，自由—自来水流出很多油。

值得高兴的是，随着科技的进步，我们拥有了最强助力——输入法。记忆法训练前期可以通过电脑或是手机输入法来帮助自己转换。比如："主体"的拼音是"zhu ti"，将之输入电子打字软件里后，会出现很多同音的词汇：主体、主题、猪蹄、柱体、竹梯……我们可以从里面找到我们需要的内容，如"猪蹄"和"竹梯"就很容易记。这种方法的优势是很容易找到谐音词，且记忆准确率很高，对于初学者非常友好。合理利用工具，减少联想压力，而且随着你的记和忆，这些联想会融入你的大脑，永久地成为你记忆系统的一部分。

抽象词实战演示

语文表现手法：象征、对比、烘托、设置悬念、前后呼应、欲扬先抑、托物言志、借物抒情、联想、想象、衬托。

语文老师，拿着一根常用的白色粉笔（象征），又拿出来一根红色的（对比），托在手上（烘托），同时松手，两根粉笔谁先落地（设置悬念），白色先落地，红色后落地（前后呼应），夸赞红色的材质比较好（欲扬先抑），又托起一张纸在手中（托物言志），愤怒地撕碎了它（借物抒情），扔到了箱子里（联想、想象），发泄完整理下衬衫的衣领（衬托）。

3. 抽象词实战训练和详细讲解

抽象的信息转换为具体的事物，方便储存和记忆，这其实和数字编码的原理一样。这是很简单有效的记忆方式，掌握它的唯一条件就是练习。接下来进行训练：

（1）谐音

受理　模仿　抽象　设计　审阅　效果

犹豫　预览　关注　经济　示范　秘密

收益　重要　部门　贸易　淡季　棘手

参考：受理（手里剑）　模仿（魔方）　抽象（抽大象）　设计（射击）　审阅（神月）　效果（小果子）　犹豫（鱿鱼）　预览（玉兰）　关注（馆主）　经济（金鸡）　示范（吃饭）　秘密（咪咪）　收益（兽医）　重要（中药）　部门（布门）　贸易（毛衣）　淡季（鸡蛋，前后颠倒后会更好谐音）　棘手（手机）

熟悉拼音编码，声母、韵母谐音，就能够精准地编码和回忆。前期可以借助输入法工具，还可以使用方言和外语来谐音。

有时候需要结合倒字法（棘手—手机），或是增减字（继任—机器人，方式—方程式，肆无忌惮—四五个鸡蛋），前期积累，后期就能自动而流畅地转换记忆。

（2）代替法

慈祥　自由　残忍　帅气　恐怖　自动

记忆　裁决　保全　温暖　寒冷　信息

国际　繁华　交通　能量　管理

参考：慈祥（老奶奶）　自由（肖申克）　残忍（汉尼拔）　帅气（刘德华）　恐怖（鬼）　自动（机器人）　记忆（大象）　裁决（法官）　保全（保安）　温暖（暖男）　寒冷（冰块）　信息（手机）　国际（章子怡）　繁华（步行街）　交通（交警）　能量（红牛）　管理（宿管阿姨）

以熟悉的事物代替新的事物（大多会是人物，因为人物的特性可以代替很多词汇），一般追寻第一感觉，看到这个词汇，想到什么，就可以使用它来代替。

（3）含义法

干净　状态　文明　公平　示范　指令　瞄准

邪恶　控制　训练　记忆　咨询　模仿　集中

登堂入室　绳之以法　一饭千金

参考：干净（一个人在洗脸）　状态（健身教练状态特别好）　文明（扶老奶奶过马路）　公平（分西瓜，一人一半）　示范（老师在课堂上演示）　指令（百米跑步的发令枪）　瞄准（狙击手瞄准着目标）　邪恶（一个成人在抢孩子的棒棒糖）　控制（手铐铐住囚犯）　训练（跑步）　记忆（背书）　咨询（前台咨询客服）　模仿（照镜子）　集中（把很多人圈在一起）

根据信息本身的意义来进行联想，一般会是一个行为动作。它可以将前后文快速地衔接在一起，联想得足够好还能达到以少记多的效果。我一分钟记50个抽象词汇，主要使用的就是含义法。

当我们看不懂文字的意思时，就没办法使用含义法。这种情况发生在背诵文言文时。这时候我们也可以通过望文生义来解决问题。比如：

登堂入室：一个小偷从我家客厅跑到卧室偷东西。

绳之以法：绳子绑住头发。

一饭千金：一碗饭一千块。

含义法的重要衍生：正向含义，反向含义。

干净

正向含义：一个人在洗脸；反向含义：一个人浑身污秽。

文明

正向含义：扶老奶奶过马路；反向含义：随地吐痰。

在实战背书中，反向含义的应用非常广泛。这是反转思维的一种，在后文的反向记忆法中发挥着重要的作用。

（4）拆字法

规定　决定　精彩　安徽　慈祥

创造　目标　判断　乔治亚州

参考：规定（乌龟的屁股）　决定（撅着腚）　精彩（井里面的大白菜）　安徽（安全帽上面有徽章）　慈祥（瓷碗里插着香）　创造（床上有很多大枣）　目标（木头上插着飞镖）　判断（盘子上有绸缎）　乔治亚州（乔治龇着牙）

拆字法的优点是应用范围广，任何文字都可以拆，转变为图像或是故事。对于不理解的信息，拆字法相当于最终的大招。但是大招总归是要少用的，联想的图像太多，记忆会臃肿。拆字法在单词记忆中的应用非常多。具体做法是将一个不熟悉的单词拆成若干等份加以记忆。比如：

hesitate 犹豫　拆分：he+sit+ate

联想：他（he）坐着（sit）犹豫要不要吃（ate）鱿鱼。

抽象词转换是文字记忆的基础，只要抽象词转换过关，基本所有的文字都能转换为图像。因为一本书是由章节组成，章节是由文章组成，文章是由段落组成，段落是由短句组成，短句则是由词语组成。词语相当于像素块，一个个关键词汇聚成一篇文章的面。

抽象词转换大多是将一个抽象的词语转换为另外一个具体的容易记忆的事物，回忆的时候由这个具体的事物回忆起对应的词汇。这是逆还原。那么，一千个词语需要对应一千个不同的图像吗？针对这个问题，笔者进行了一个非常有趣的实验，首先请出老朋友——手机！比如下面的这些抽象词：

信息　国际　繁华　交通　能量　统一　现代　责任　抽象

手机—信息

手机可以发出信息。

手机—国际

苹果手机是国际品牌手机。

手机—繁华

手机购物小店非常多，非常繁华。

手机—交通

手机可以看地图。

手机—能量

手机需要充电。

手机—统一

手机都有统一的充电线。

手机—现代

手机是现代产物。

……

任何信息都能由手机联想得到，因此，手机可以替代所有抽象词。现在回想我们的问题：一千个词语需要一千个图像吗？

这里一个手机就完成了这项任务。这也是联想的有趣之处，联想能力足够了，任何抽象信息都可以通过发散思维联想到具体的事物，那么也可以通过辐合思维将任何信息与一部手机产生关联。但是这也只是一种联想的游戏而已，如果真这样用一部手机去背书，你的大脑早就混乱了。在一串信息的记忆里尽量不要重复使用一个图像，如下面的知识点：

中医穴位

中府　云门　天府　侠白　尺泽　孔最　列缺　经渠　太渊　鱼际　少商

联想情境：孙悟空从府院中间（中府）飞跃到南天门（云门），门后是天府之国（天府）。门口有白袍小将杨戬（侠白）站岗，看到孙悟空，拿出尺子（尺泽）。尺子上有很多的孔（孔最），用力掰断裂开缺口（列缺），威胁表明门后是禁区(经渠)。孙悟空看了下离得太远（太渊），又拉过虞姬（鱼际）来作陪和杨戬商量（少商）。

有时候一个抽象词会出现好几种转换，还都比较合理，其实都是可以的，我们需要在实际应用过程中进行抉择。

4. 方法掌握了，如何系统训练

可以以抽象词记忆为初期训练内容，在书本里寻找抽象词练习或是找专门的抽象词训练手册，一般坚持一个月之后会有比较大的改变。大家在记忆训练过程当中要注意，训练和实际的记忆还是有区别的，训练的目的和实战记忆的目的完全不同。

比如你只是单方面地想提升自己的记忆准确率，那么就有专门的准确率的训练，如果想提升的是自己的记忆速度，那么有专门的速度的训练，如果是想提升自己的记忆宽度，即想一次记忆大量信息，那么也有对应的训练模式。你还可能想要专门训练针对中文材料、英语材料、符号等信息的记忆能力。训练就是为了提升自己各方面的能力，可以专门修补自己的短板。

而实际记忆就不同，你直接拿考试的内容、要背的书来进行记忆，可能是为了通过某一门考试，也可能是想永久地记住某一段内容。这个内容因人而异，过程也会比较长，就很难做到标准化、数据化。

很多人是准备以记代练，就和打仗"以战代练"一样。如果你训练不足，在实际的记忆过程中会非常容易卡壳。俗话说"养兵千日用兵一时"，平时的训练非常严苛，这样真正打仗的时候，才能很好地完成将军的指令。战场千变万化，肯定是没有办法完全按照平时训练的来进行，所以需要随机应变的能力，而随机应变也要建立在扎实的基础之上。

第三章

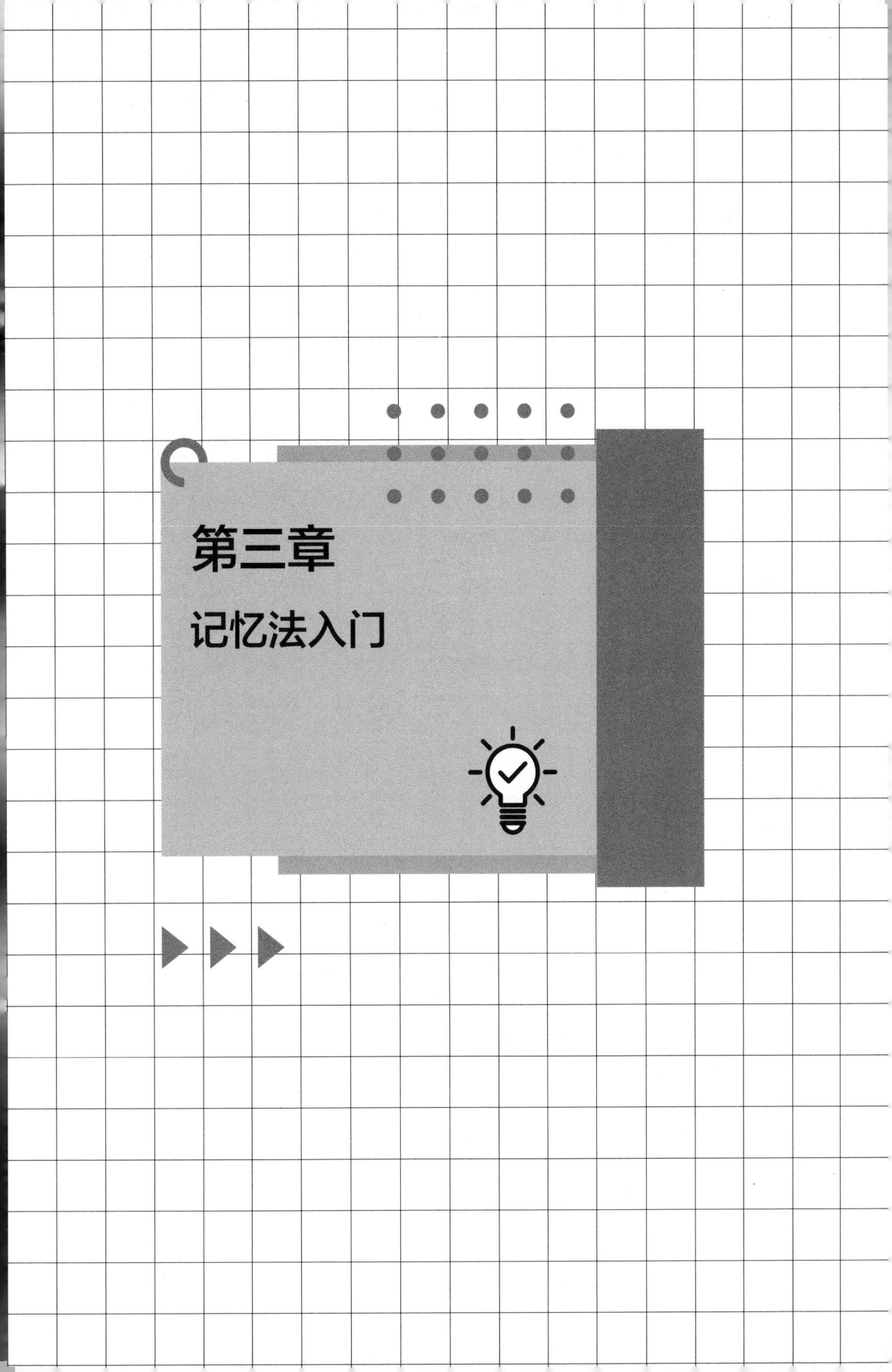

记忆法入门

第一节　压缩口诀法

　　口诀法在日常学习中应用得非常广，实战性强，效果好，简单易学。因为口诀法操作比较简单，所以常见于成人考证的培训，老师在讲解完之后再编一个口诀，方便学生的记忆。口诀法的一个重要作用是方便复习，本来复习量是14个字，现在只需要复习7个字，节省了大量复习的时间。但是常见的问题也比较多，就是有的口诀编得容易记，有的口诀编得会比原文还难记。真正好的口诀是要经过大量思考和优化，达到有效并且合理的效果。所以口诀的编制一般要满足三个要求，一是能根据口诀还原出原文，二是读起来要通顺，三是口诀整体有逻辑。

1. 口诀是对信息的压缩

我们日常最常见到的还是英文口诀，比如：

NBA: National Basketball Association

CBA: Chinese Basketball Association

USA: United State of America

　　这种英文的首字母缩写其实就是一种口诀。中文里常见的"十个坚持""三个基本点""三爱两人一终身"等，也是对信息的有效归纳。

　　在学习方法之前，我们需要知道"二八原则"，即20%的重点内容就可以拿到80%的分数。根据这个原则，我们要把主要的精力花费在这20%里面。一本书实际上要背的可能只有十几页纸。重点内容找到了之后你会发现，就算十几页纸也没那么容易背。这时候就要利用一些记忆方法来减轻记忆。

　　举个例子，下面是一个中药方剂，熟读理解后可以进行压缩。

麻黄汤：麻黄　桂枝　杏仁　甘草

压缩：麻黄　麻　桂　杏　草

再利用口诀进行组合，口诀演示：蚂蟥贵姓曹。将一个生涩的知识点通过压缩再转换为一个容易记忆的形象故事，这就是压缩口诀法。压缩口诀法的第一步是提取压缩，第二步是编制口诀。

口诀法案例

八大行星按照距离太阳的远近依次是：水星、金星、地球、火星、木星、土星、天王星、海王星。

压缩：水晶球火木土天海

口诀：水晶球和（火）木土填海。

多读几遍，口诀法的记忆原理主要是机械记忆。所以需要对原文足够熟悉，不然根据口诀无法精准还原原文。当然，读都不愿意读自然也很难记住。你对内容越熟悉，理解程度越高，这种方法的记忆效果也就越好。

2. 口诀法的优化

口诀的提取很容易，每个词里面提取一个字即可。但是有的情况下，提取出的文字还是难以记忆，这时候我们可以结合其他方法灵活调整口诀。

口诀法结合故事法

唐宋八大家：韩愈、柳宗元、欧阳修、苏轼、苏洵、苏辙、王安石、曾巩。

口诀：巡视者（苏洵、苏轼、苏辙）喊（韩愈）王安石和柳宗元修（欧阳修）拱桥（曾巩）。

这里是口诀法为主，故事作为后面的填充，因为王安石和柳宗元我们比较熟悉，所以让他们作为故事的主人翁去修桥，这样正好也能避免王安石和柳宗元这两个名字不太好联想的点。

如果对这两个人实在不熟悉，记不住，再加上点联想就可以了，如"去修石头（王安石）拱桥，拱桥是半圆的（柳宗元）"。一个好的口诀可以对信息进行极致的压缩，而且不丢失原意。

下面再看一个例子。

鲁迅，原名周树人，字豫才，浙江绍兴人。著名文学家、思想家、革命家、教育家、民主战士，新文化运动的重要参与者，中国现代文学的奠基人之一。

第一句是常识，不太需要记忆法，如果实在不熟悉可以使用串联法。鲁迅在种树（周树人），种树就是养育木材（字豫才），浇树用的是绍兴黄酒（浙江绍兴人）。

文学家、思想家、革命家、教育家、民主战士。

总结为四家一战士。提取首字：文、思、革、教、民。并不好记，所幸这五个字不要求顺序，调整下：文、革、教、民、思。

我们基本都知道鲁迅参加了新文化运动，这就是一场文化的革命，教导民众新的思想。这样口诀就有实际意义了。

"新文化运动的重要参与者"不需要记忆，都在口诀里。"中国现代文学的奠基人之一"，也没必要额外记忆。

3. 根据内容的顺序调整口诀

通过简单的顺序调整，口诀变得合理而且顺口。但是使用口诀法或其他的记忆法，都要考虑一个问题，就是记忆的内容要顺序，还是不要顺序。

要求顺序的内容，记忆起来难度肯定更大；而不要求顺序的内容，记忆的时候就要考虑灵活应变，寻求最优解。

要求顺序信息记忆

望　岳

［唐］杜甫

岱宗夫如何？齐鲁青未了。

造化钟神秀，阴阳割昏晓。

荡胸生曾云，决眦入归鸟。

会当凌绝顶，一览众山小。

古诗的记忆偏向于朗读式的机械记忆，一般使用记忆法提个醒即可，八句取首字：带起噪音挡绝会议。

口诀法需要大量朗读熟悉原文，所以相对适合五言古诗，七言难度会增加很多。如果觉得 8 个字还是难以记忆，可以利用故事的方法加深印象：杜甫在泰山上拿着大喇叭阻止别人开会，带起噪音挡绝会议。

不要求顺序信息记忆

管理人内部控制的原则主要包括：全面性原则，相互制约原则，执行有效原则，独立性原则，成本效益原则，适时性原则。

压缩提取首字：全、相、执、独、成、适。读起来很别扭。好在像这种条目类型的文字并没有顺序的要求，我们可以灵活地调整顺序——全、成、适、独、执、相，转换为"全城市的纸箱"，再加上标题内部控制，可以压缩成内控，谐音内裤。组合在一起，全城市的纸箱里都有内裤。

再加上其他记忆法的点缀，完善这个口诀。内裤是全棉（全面）的。内裤制作是需要成本（成本效益）的。冬天穿棉内裤，游泳穿泳裤（适时性）。一个人只穿一条内裤（独立性），穿完内裤直行很开心，不会磨（执行有效）。内裤束缚着你，而内裤的尺寸要符合你的身材才能不会掉（相互制约）。

4. 信息太多该如何编制口诀

压缩口诀法在记忆法则里面的体现就是：将多的内容变为少的内容。

但是这里还有一个问题，如果记忆的信息量太大，那么压缩的口诀就会非常长，将很多的内容变为多的内容，最后还是不好记！

口诀法记忆大量信息案例

与我国陆上接壤的国家有 14 个：俄罗斯、朝鲜、蒙古国、哈萨克斯坦、塔吉克斯坦、吉尔吉斯斯坦、阿富汗、巴基斯坦、印度、尼泊尔、不丹、缅甸、老挝、越南。

14 个国家，至少有 14 个关键字需要记忆，一次性记完还是很有难度的，而且关键字太多也不好组合成口诀。解决方案是再一次利用记忆法则，对信息进行拆分：将多的内容再变为少的内容。

与西藏自治区接壤的国家包括：印度、尼泊尔、不丹、缅甸、巴基斯坦。

口诀：西藏泥巴不如面硬。

和新疆维吾尔自治区接壤的国家包括：俄罗斯、哈萨克斯坦、吉尔吉斯斯坦、塔吉克斯坦、巴基斯坦、蒙古国、印度、阿富汗。

压缩：新疆、二哈、银吉他、阿爸、梦。

口诀：新疆阿爸梦见二（俄）哈弹银吉他。

和云南省接壤的国家包括：缅甸、越南、老挝。

口诀：云南面越老越好吃。

和吉林省、辽宁省接壤的是朝鲜。

这个就不需要额外记忆了，信息量小，很容易记。

然后将这三个口诀记住，去掉重复的国家，就记住了和中国接壤的 14 个国家。

还有一种解决策略，通过自己的理解来减轻记忆量。这 14 个国家，真的需要每个都记忆吗？俄罗斯、朝鲜、蒙古国，就在我国的北边，都比较熟悉，喜马拉雅山有一部分在尼泊尔那边，印度、缅甸、老挝、越南在我国的南边，这里 8 个国家不需要记忆。主要记忆不熟悉的 6 个国家即可，这样就轻松很多。

哈萨克斯坦、塔吉克斯坦、吉尔吉斯斯坦、阿富汗、巴基斯坦、不丹。

口诀：阿爸不会（哈）吉他。

第二节　串联记忆法

串联法的运用贯穿着整个记忆法使用流程，前面讲解的很多记忆案例都有串联记忆的影子。记忆宫殿的使用也是一种串联：将信息放在地点桩上，它的本质还是将一串信息组合在一起。

串联法的优势有很多，简单、易上手，而且可以解决非常多类型信息的记忆，前期可以作为记忆训练，后期也可以衍生出多种多样的记忆系统。根据串联内容的形式可以分为一对一和一对多串联。

1. 一对一

一对一的信息在使用串联后，可以根据一半的信息推导出另外一半的内容，就像跳舞一样，一个人对应一个舞伴。一对一的信息有很多，国旗和国家、省和省会、人名、单选题……

一对一案例

国家	首都	记忆方法
俄罗斯	莫斯科	莫斯科红场
加拿大	渥太华	加拿大枫叶握在手里太滑了
巴西	巴西利亚	利亚在拉丁语中就是"国家、土地"的意思
澳大利亚	堪培拉	澳大利亚有考拉，这里提取一个"拉"基本就记住了
印度	新德里	印度有新的咖喱
阿根廷	布宜诺斯艾利斯	阿根廷球王穿着布衣
阿尔及利亚	阿尔及尔	"利亚"换成"尔"

一对一使用的串联方式一般分为锁链和共性。

（1）锁链

我们可以像锁链一样把信息串在一起，A作用B。这种串联方式比较直接，也比较容易掌握。例如：

耳机—米饭：耳机压扁了米饭

钥匙—鹦鹉：钥匙插进鹦鹉嘴里

恐龙—飞机：恐龙咬住飞机

模仿—简单：魔方压住煎蛋

这种主谓宾的结构就像煎蛋一样简单。提前储备一些动作（如踢、压、咬、砸、撞、亲、撕、摸等），让联结更加流畅。

当然，联结的时候也要留意其逻辑是否自洽，比如，耳机在吃饭这种不合逻辑的联结较难留存在长时记忆中。

也有人认为联结越暴力越好，其实不然，不能一味地为了暴力而破坏，要结合文字情景或联想习惯等进行调整，灵活才是联结最大的优势。比如人和玻璃，可以有几种联结：

正常的：人的手在摸玻璃

暴力：人砸碎了玻璃

变态：人用舌头舔玻璃

其实每个联想的记忆效果都可以很好，你只需要加上其他的记忆感受。

正常的：人的手在摸玻璃，发出咯吱咯吱的声音

暴力：人砸碎了玻璃，玻璃碴四溅

变态：人用舌头舔玻璃，玻璃上面留下一条长长的水渍

（2）共性

27—耳机，78—青蛙，慈祥—老奶奶，主题—猪蹄，蝴蝶—蝶泳，狗—猫，疾病—毛病，贫穷—富有。

这一类就是典型的两个信息之间，从读音或是其他方面（相同、相似、因果、对比、反差等）有着一定的联系。针对这类信息，串联的方法就是先找到共性，然后进行串联，两个词可以用一个属性或是画面来呈现。

下面来做一些共性训练。

类型	词语1	词语2	共性
具象词	苹果	香蕉	都是水果
	飞机	自行车	都是交通工具
	大象	马	都有四条腿
	香蕉	手套	黄色的手套
	奖杯	手机	电子奖杯

续表

类型	词语1	词语2	共性
抽象词	联系	训练	联系谐音练习，和训练一样
	压缩	图像	相册，将图像压缩在一个册子里
	全面	时尚	毛衣，全面谐音全棉，时尚的服装是全棉的
	演讲	记忆	演讲的人都需要有好的记忆力
	关键	暂停	电影看到关键的地方可以暂停
	建设	法规	建设楼房需要遵守法规，这里反向联想到一个违建建筑
	更改	错误	修正液
	统计	成绩	成绩单
	永远	美观	钻戒
	培育	效率	化肥

任意的两个信息只要联想得当都可以找到共同点。如果你能将两个毫无关联的词组合在一起，而且回忆过程也非常流畅，那么你的记忆效率要比那些只会单个抽象词记忆的记忆爱好者强上一倍！

合理利用共性，别人是一个一个地记忆，你是两个两个地记忆！比如jail（监狱）和bail（保释）这两个单词，用"进监狱（jail）然后被保释（bail）"这样的逻辑，一下子就都记住了。这其实和扑克牌记忆也有共通之处。国内选手基本都是一张牌一个编码，52张牌对应52个编码，而国外选手，很多是两张牌一个编码。这样相同的一副牌，我们需要26个地点桩联结，而国外选手只需要13个地点桩，从地点桩的速度上来说会相差很多。

想象力无极限，共性这种思路在后面的比喻类比记忆法里有非常多的体现。对两个或多个无关联的信息进行联想，发现内在的联系，而不是单纯地动作串联，这就是共性的特征。动作串联像锁链一样环环相扣，而共性像太极交融在一起。

锁链　　　　　　　共性

2. 一对多

相较于一对一的简短信息，一对多的信息在日常学习考试中占的比重更大，比如：名词解释、多选题、简答题……

一对多记忆案例

知识产权是权利人依法就下列客体享有的专有的权利：

作品；发明、实用新型、外观设计；商标；地理标志；商业秘密；集成电路布图设计；植物新品种；法律规定的其他客体。

参考：我（权利人）的作品是这本书（作品）。用书拍碎了外观精美的太阳能灯泡（发明、实用新型、外观设计），灯泡里掉下来一个奥运五环（商标）。你把它挂在地球仪上（地理标志），地球仪裂开掉下来很多机密档案袋（商业秘密），打开一看，里面全是电路板（集成电路布图设计），上面长满了草（植物新品种）。你把绿草送给了客人（法律规定的其他客体）。

3. 串联法实战记忆

串联法记忆文字就是把这个锁链拉长了很多，是一种线性的记忆。它的原理非常简单，记忆效果却很好。一些杂乱的信息本身没有逻辑，却可以通过串联绑定在一起。

串联法记忆案例

月亮、名校、地板、床垫、双手、食物、钱币、光芒、衣服、上班

参考：月亮照在名校的地板上。地板上有一个床垫，床垫下露出一双手，

手里捧着食物。食物换成了钱币，钱币发出光芒，变成衣服，穿上衣服去上班。

串联法甚至可以将一些你完全无法理解的信息组合在一起记忆，并且保持它们原有的顺序。串联的记忆速度快，记忆节奏强。

串联法实战案例

道冲（zhōng），而用之或不盈。渊兮，似万物之宗。挫其锐，解其纷，和其光，同其尘。湛兮，似或存。吾不知谁之子，象帝之先。(《道德经》)

参考：把刀（道的谐音）握在手中（道冲）。刀比较钝，用来打架很难赢（而用之或不盈）。扔到很远的地方（渊兮），砸到了一个非常大的宗门（似万物之宗）。宗门弟子把刀捡起来，拿起磨刀石磨平刀锋（挫其锐），拆解开刀镡、刀把（解其纷），再塞入刀鞘（和其光），最后埋入尘土中（同其尘）。这个人站起来（湛兮），这就等于把刀存放在土里了（似或存）。不知道这位是谁的儿子（吾不知谁之子），有着大象的鼻子（象帝之先）。

在记忆大段信息时，如果全文记忆，需要串联的信息就会非常庞杂，难以记忆，所以在大段串联记忆信息之前需要先学会提取关键词。如果串联记忆内容的选取从一开始就有问题，不是重要内容，那么对于整体信息的记忆帮助就不大。解决这个问题的方法就是关键词提取法。

第三节　关键词提取法

笔者问过身边的一些学霸朋友，他们虽然没有学过记忆法，但是他们在背书的时候也有一套自己的记忆方案。用得最多的就是在记忆一段文字之前先理解它，理解之后再提取一些关键词，然后把这些关键词记住或是编一个故事去记忆。虽然这个故事可能和原文的意思没有任何关系，但是因为已经理解了，所以用这个故事可以把内容牢固地记住。

这个方案非常有效，再结合我们上一章所讲的串联法，将这些关键词非常快速地串联在一起，就可以组成最简单的快速背书法！

如果记忆信息是构建一片星空，那么关键词就是这片星空中明亮的星星，构建出多样的星图。

1. 关键词的本质是压缩

依法治国

科学立法是全面依法治国的前提。

严格执法是全面依法治国的关键。

公正司法是全面依法治国的重点。

全民守法是全面依法治国的基础。

标题是"依法治国"，四个条目中都有"全面依法治国"，所以可以压缩这部分内容。不需要额外使用记忆法记忆，读几遍就记忆完成了。这样就对记忆内容进行了压缩，减轻了记忆量。提取出关键部分：

科学立法、前提

严格执法、关键

公正司法、重点

全民守法、基础

现在再去记忆就容易很多。实际上还可以再压缩：

科立、前提

严执、关键

公司、重点

全守、基础

尝试根据压缩后的内容回忆出原句，如果可以那就说明压缩成功。压缩之后，需要记忆的信息量少了，不仅记忆起来更容易，复习也更方便。文字量的减少，直接减少了复习时间。

如果你非要用记忆法，我建议利用联想加深些印象就可以了。

科立、前提　颗粒的水果，提子

严执、关键　颜值是关键

公司、重点　公司是重点场所

全守、基础　拳手的拳击基础很足

回忆的时候，由依法治国加上些机械记忆带出后文关键字。如果遗忘，再由记忆联想提供回忆线索，达到查缺补漏的效果。最终的目的是还原全文，所有的方法都是辅助。条条大路通罗马，不要忘记自己最开始的目的。

关键词可以是一个词，也可以是一个字、一句话，甚至可能不是原文里的内容。我们最熟悉的压缩应该是成语，一串信息或是一个典故压缩成四个字左右。

2. 关键词提取法详细步骤

（1）通读全文，尝试理解

记忆任何信息之前先尝试理解，理解之后，记忆会更加轻松。因为理解可以减轻记忆量。

（2）选择关键词并尝试根据关键词还原全文

根据自己对内容的理解，从中选取出自己认为重要的关键词。然后根据这些关键词回忆出全文。如果回忆没有问题，进入下一步；如果回忆不出来，那就重新选取关键词，直到你根据关键词能够回忆出全文。

（3）记忆关键词

关键词没有问题了，接下来我们就可以通过一些技巧来记忆这些关键词。比如我们上一节讲的串联法，用于记忆关键词的信息会非常快速！

（4）回忆查缺补漏

通过串联法记忆完成之后再尝试闭目回忆出原文。这里会有几个常见的情况。

①根本回忆不起来图像或是画面。这是记忆法的水平不够，串联的故事不够完善或是图像不够清晰。

②回忆起了图像，但是还原不出关键词，这是前期关键词的编码转换没处

理好，图像和关键词之间的联系不够密切。

③图像和关键词都能够完整地回忆，但是还原不出原文，这就是关键词提取有问题了。

针对以上的问题，适当地查缺补漏，如果有一个图像回忆不出来，那么再重新整改一下这个图像。如果关键词回忆不出来，那么将这个关键词的联想重新整改一下。如果原文回忆不起来，那就对应地重新选取关键词。一定要有这样整改的过程，整改到你能够完整地将原文非常快速地回忆完成为止，中间的流程千万不能凑合。

记忆法训练到后期实际上就成为流程化的操作了。第1步该做什么，第2步该做什么，然后不该做什么，都有一定的规则。虽然每个人的记忆细节方面都有不同，但是相差不会太大。记忆大师也都是从普通人一步一步训练过来的。如果你能够找到属于自己的记忆节奏，并且能稳定地进行流程化的操作，那么你在记忆上一定会有所成就。

关键词记忆法实战演示

当发生下列情况时，宜对既有结构的可靠性进行评定：

结构的使用时间超过规定的年限；结构的用途或使用要求发生改变；结构的使用环境恶化；结构存在较严重的质量缺陷；出现材料性能劣化、构件损伤或其他不利状态；对既有结构的可靠性有怀疑或有异议。

（1）通读全文，尝试理解

读顺口比较重要。了解这个简答题讲的是结构出现哪些问题，就该对它进行评定，后面答案有六点。

（2）选择关键词并尝试根据关键词还原全文

参考：时间、用途、环境、质量、劣化、怀疑。

根据这6个词复述原文。

（3）记忆关键词

从时间联想到闹钟。把闹钟变成定时炸弹（用途），扔到垃圾桶里（环境）。垃圾桶裂了（质量），看来桶的材料不行（劣化），打电话投诉（怀疑）。

（4）回忆查缺补漏

把一些容易遗忘的点补充上。闹钟时间快到了（使用时间超过规定的年限）。这个闹钟是一颗定时炸弹（用途发生改变），连忙扔了出去（使用要求发生改变），扔到了垃圾桶里（使用环境恶化）。垃圾桶裂了（存在较严重的质量缺陷），看来垃圾桶材料不行（材料性能劣化）。闹钟也被砸扁了（构件损伤或其他不利状态）。打电话投诉垃圾桶质量不行（怀疑或有异议）。

标题"既有结构的可靠性"和第六条重复，可以不记。

整体记忆过程便是纵向串联，横向还原。

3. 关键词法记忆《诗经》

《诗经》中的一个重要的抒情手法是复沓，一咏三叹回环往复。这种表现方式可以让我们很好地使用关键词记忆法。举个例子：

秦风·无衣

岂曰无衣？与子同袍。王于兴师，修我戈矛，与子同仇！

岂曰无衣？与子同泽。王于兴师，修我矛戟，与子偕作！

岂曰无衣？与子同裳。王于兴师，修我甲兵，与子偕行！

这首诗的规律比较明显，重复的内容是"岂曰无衣？与子同……王于兴师，修我……与子……"这些多读几遍即可记住，主要精力放在记其余不重复的内容，再厘清先后顺序。

因为横向基本都是一样的，所以我们要纵向来看。先看第一纵列分别是袍、泽、裳。袍：长袍；泽：内衣、汗衫；裳：这里是战裙的意思。理解意思后记忆就比较简单了。由外到内，由上到下，长袍里面是内衣，下面是战裙。正好联想出一位古代战将，穿着长袍、内衣、战裙，以他为图像基础来记忆。

第二纵列是戈矛、矛戟、甲兵。接下来使用串联记忆技巧，袍子与戈矛串联，内衣（泽）与矛戟串联，战裙（裳）和甲兵串联。战将穿着袍子，手上拿着戈矛，内衣里面有一只无毛鸡（矛戟，这里是反向记忆），战裙底下有一个盔甲士兵（甲兵）。

这样我们回忆的时候，因为串联的关系，"岂曰无衣？与子同袍"后面自然会联想到戈矛，于是就记住了"王于兴师，修我戈矛"，保证了回忆的连续性。

最后一纵列是同仇、偕作、偕行。同样使用串联的策略。戈矛上有铜臭（同仇）味，无毛鸡在写作（偕作），一个士兵在裙子底下斜着头行走（偕行）。

记忆的方式是先纵向串联一列关键词，再以此为基础横向地串联关键词。纵横交错，辐射全文，按照由上到下，由左至右的顺序回忆即可。

这种方法适用于《诗经》上的很多诗歌，比如底下这首《蒹葭》。

蒹葭苍苍，白露为霜。所谓伊人，在水一方。溯洄从之，道阻且长。溯游从之，宛在水中央。

蒹葭凄凄，白露未晞。所谓伊人，在水之湄。溯洄从之，道阻且跻。溯游从之，宛在水中坻。

蒹葭采采，白露未已。所谓伊人，在水之涘。溯洄从之，道阻且右。溯游从之，宛在水中沚。

蒹葭就是芦苇，我们可以直接以芦苇为主体来联想。

第一纵列是苍苍、凄凄和采采。芦苇最上面的穗是苍白色的（苍苍）；芦苇中间的茎秆是一根，显得很凄凉（凄凄）；芦苇根，采的时候需要连根拔起（采采）。

后面提取关键字。

第一行：霜方长央。芦苇穗子上站着两个人（双方），在唱《我的太阳》（唱阳）。

第二行：晞湄跻坻。芦苇茎秆上长着一个西梅（晞湄），西梅长着鸡翅（跻坻）膀。

第三行：已涘右沚。树根一撕全是油脂（已涘右沚）。

4. 关键词提取法单独训练

关键词一般是读完印象深刻的，能概括和总结信息的，可以是原文里的，也可以是自己总结的。先把关键词写出来，再根据写出的关键词复述原文，每天花十分钟，训练一段时间自然就能找到适合自己的关键词类型。

关键词提取训练

曲曲折折的荷塘上面,弥望的是田田的叶子。叶子出水很高,像亭亭的舞女的裙。层层的叶子中间,零星地点缀着些白花,有袅娜地开着的,有羞涩地打着朵儿的;正如一粒粒的明珠,又如碧天里的星星,又如刚出浴的美人。(《荷塘月色》)

写下关键词:曲折、荷塘、弥田、高、裙、层叶、零白、袅娜、羞涩、粒、碧天、出浴。

尝试根据关键词回忆全文,后面自己尝试下。

微风过处,送来缕缕清香,仿佛远处高楼上渺茫的歌声似的。这时候叶子与花也有一丝的颤动,像闪电般,霎时传过荷塘的那边去了。叶子本是肩并肩密密地挨着,这便宛然有了一道凝碧的波痕。叶子底下是脉脉的流水,遮住了,不能见一些颜色;而叶子却更见风致了。(《荷塘月色》)

第四节 故事法

在一些文学作品里,常常会使用一些譬喻故事,以增强作品的韵味,使表达更加生动和多元化。比如井底之蛙、揠苗助长、愚公移山等。讲故事的方式能让不理解事物本质的普通人,更容易地接受和记忆这些深刻的道理。所以真正的高手都善于把复杂的事情简单化,记忆法便是如此操作。

当然,我们编故事没必要像那样深刻,能够帮助到记忆,而且长时间不遗忘就好。大多数时候,使用故事法相较于图像的串联记忆,记忆会更加深刻,记忆保存的时间也会更长,方便回忆。因为故事需要有一定的逻辑,确定前后的顺序,相较于动作串联也会更加生动。

1. 故事法记忆数字案例

三个宇宙速度分别是 7.9km/s、11.2km/s、16.7km/s。

参考：今天出门吃点酒（7.9），口袋没多少钱，就要一点儿（11.2），没吃完打包回家，要留点回家吃（16.7）。

2. 故事要贴近生活

故事最好能贴近自己的生活，这样的故事会让你更有代入感，融入其中，记忆深刻。

写作中最常用的六种结构：范畴结构、评价结构、时间结构、比较结构、线性结构、因果结构。

写作在我们的生活中用得比较少，我们可以联想到点外卖。我们会先在手机上比较好几家商家（比较结构），点了外卖后外卖员会在规定时间内送到（时间结构）。外卖员在手机上会有一个行走路线（线性结构），外卖送到，主食是饭，很稠就是粥（范畴结构），甜点是水果（因果结构）。吃完会有评价（评价结构）。

3. 故事最好有人物

故事一般都与人有关，人物的出现会使故事联想得更加轻松，比如：

中国四大刺客是：专诸、聂政、豫让、荆轲。

这里找到熟悉的人物，不用太多，一个就够用了。比如专诸鱼腹藏剑刺杀吴王僚。故事便是：专诸捏着（聂政）鱼（豫让）肠剑，去刺杀王僚。鱼肠剑是金（荆轲）属的。

中国四大悲剧：《窦娥冤》《赵氏孤儿》《长生殿》《桃花扇》。

窦娥怀里抱着赵氏孤儿，在长生殿里用桃花扇给他扇风。

4. 故事法记忆大量信息

在信息内容比较多时，故事法的记忆也要灵活多变。

20世纪50年代中国社会主义建设的几项成就：

公布过渡时期总路线；社会主义改造基本完成；鞍钢建成并投产；长春一

汽建成并投产；中国自产喷气式飞机上天；武汉长江大桥建成；新建宝成、鹰厦等铁路；沈阳第一机床厂建成投产；新建川藏、青藏、新藏等公路；第一部宪法颁布实施。

如果要把这段信息编成一个故事，整体信息就会比较长，所以我们可以提取关键的字或者词，压缩后再进行记忆。这段信息的顺序并不是特别重要，所以可以从方便记忆的角度上来进行记忆。

参考：小沈阳（8）穿着小清新的衣服（9），开着宝鹰牌（7）喷气式飞机（5），撞到了武汉长江大桥（6）上的长春汽车（4）。撞击导致钢铁（3）汽车压扁，掉到了长江里的船上（1）。船是改造过的（2），船上全是海鲜（10）❶。

5. 故事法记忆法律条文

故事法用于法律条文的记忆也很有效，因为大多数法律条文有对应的真实案例。

承担民事责任的方式主要有：

停止侵害；排除妨碍；消除危险；返还财产；恢复原状；修理、重作、更换；继续履行；赔偿损失；支付违约金；消除影响、恢复名誉；赔礼道歉。

找一个有民事责任的故事来记忆这十一条，比如打砸饭店。

警察先过来制止（停止侵害），疏散四周的群众（排除妨碍），抓住罪犯（消除危险）。掏出被抢财产（返还财产），并让罪犯把桌椅板凳摆好（恢复原状）。坏了一个，修理了半天修不好，回去重做一个更换了（修理、重作、更换）。罪犯穿好鞋回家拿钱（继续履行）来赔偿其余的损坏设施（赔偿损失），支付宝转账（支付违约金），店主原谅他，不再追究（消除影响、恢复名誉），罪犯赔礼道歉。

6. 故事的好坏很重要

相较于串联，故事法更加看重事物发展的逻辑。编故事的过程会使联想变

---

❶ 括号中的数字代表记忆的条目，如（8）指的是第8条"沈阳第一机床厂建成投产"。

得较长，但是对于长时记忆的效果会有显著提升。

一个好的故事会使人记忆犹新。比如：对比下喜剧和悲剧，你可以回想下，是笑料让你不断回想，还是某个故事里主人公的突然死亡让你记忆深刻？举个例子：

有位老师在上课，突然谈论到车祸。他说车祸有的时候会发生二次损伤，然后就嘱咐我们，出门可以随身携带一个塑料袋，万一发生车祸，可以用来装起自己的肠子，防止被别人踩踏造成二次伤害。

这个故事让我印象非常深刻，第一是让人身临其境，代入感特别强，第二是使人不适，甚至是感到痛苦、恶心，第三是它的逻辑完善，想反驳它又无从下手，甚至还会有这个肠子会不会很滑、放不进去之类的联想，让你自然地想去补充后续的内容。

使用故事法需要一些编故事的能力。很多人担心自己编的故事无趣甚至乏味，下一章的反向记忆会提供解决方案。

第五节　反向记忆法

反向记忆法指的是反转思维。有些记忆的内容太过"正经"而平淡无趣，信息太过绕口，记忆乏味，这时候就需要有一些灵活的变化，使记忆内容变得生动有趣起来。

举个例子，当你看到"不要吸烟"的标牌时你会想到什么？一般会立马想到香烟或是吸烟者。"不要大声喧哗""不要带宠物"等，是不是也会立马让你想到相反的画面？

我们记忆时也可以这样操作。

文明礼貌、助人为乐、爱护公物、保护环境、遵纪守法。

正常的联想记忆：一个人扶着老奶奶（文明礼貌）过马路（助人为乐），

擦了擦旁边的路灯（爱护公物），顺便捡起了地上的1块钱（保护环境），交给警察叔叔（遵纪守法）。

这样也能记住，但是整体故事显得平淡，如果反向记忆就比较有趣。

有两个人在吵闹打架（文明礼貌），你去帮其中一个打另外一个（助人为乐），抄起垃圾桶就砸了过去（爱护公物），垃圾洒了一地（保护环境），最后你们都被警察抓走了（遵纪守法）。

大家可以自行比较下。很多时候，如果能反转思维，那么整个画面就能活跃起来。特别是记忆法律相关的知识点时，严谨严肃的内容会变得跃然纸上。

反向记忆案例

严于律己，表里如一，贫贱不移，高风亮节，诚实守信，勤劳朴实，踏实肯干，默默无闻，敏而好学，博古通今，知书达礼，大有作为，济世安邦，知无不言，乐于助人。

大部分的内容是形容人的，所以我们可以找到对应的人来编故事记忆，但是如果都是正向记忆就会显得很无聊。

反其道而行：小明正躺在沙发上看电视（严于律己），外套都穿反了（表里如一）。外套下的沙发都是油渍也不离开（贫贱不移），油得发亮（高风亮节）。沙发底下有个匹诺曹（诚实守信），正在打扫沙发底下的食物（勤劳朴实）。扫出来用脚踩踏了下干果（踏实肯干），然后拿鼻子闻闻（默默无闻），向沙发上的小明请教（敏而好学）。小明戴上博士帽（博古通今），拿出一本书（知书达礼）。书非常大（大有作为），书里有很多鸡屎（济世安邦）。然后指着书告诉匹诺曹答案（知无不言），一边指导一边开心地笑（乐于助人）。

很多人担心反向记忆会造成回忆的混乱。其实是不会的。我们记忆的信息是一个整体，前后是有逻辑关联的。在一段正面的文字里出一个反面内容，也不合理，在回忆时自我纠正过来就好。

第四章

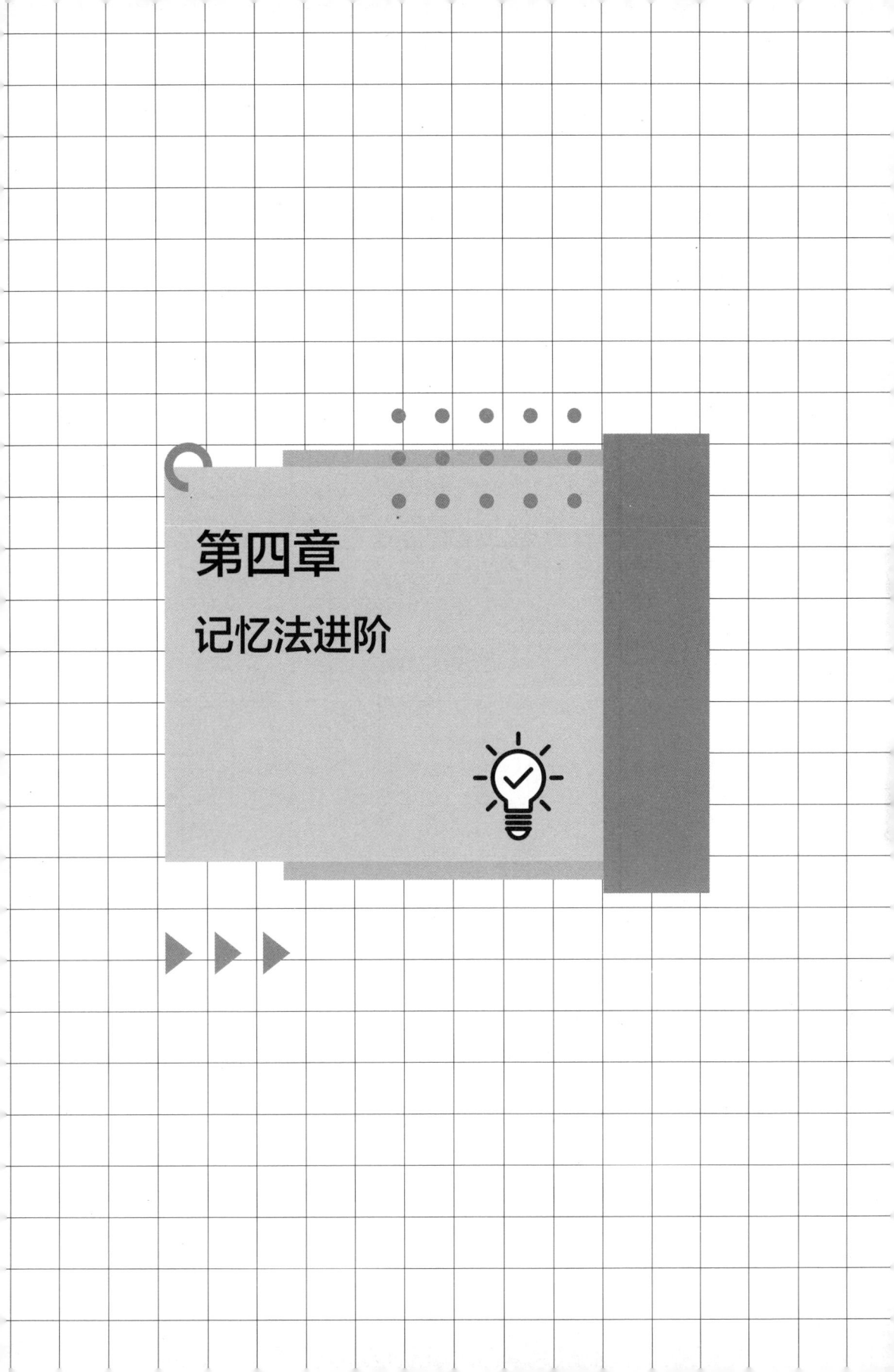

记忆法进阶

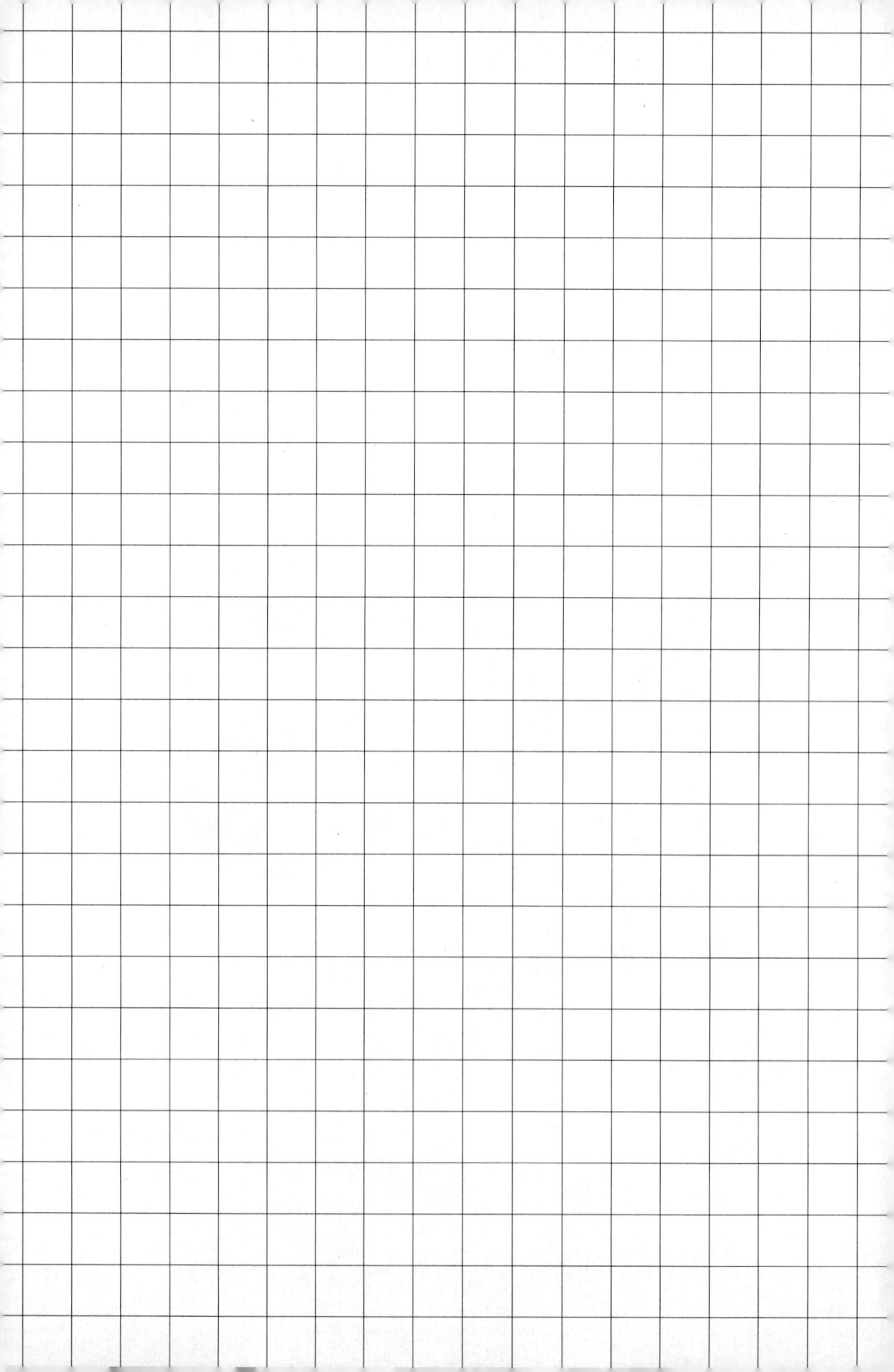

第一节 文字桩记忆法

我们平时记忆的内容大多是文字信息，那么文字可不可以作为一种储存系统来帮助我们背书呢？自然是可以的。中文文字本身就是一幅画，比较符合图像记忆，再加上文字信息内存在的逻辑关系，这些都可以建立一些有趣的记忆方法，因此文字记忆的方法非常多样化。

1. 以文字为桩，记忆相关信息

四大发明：造纸术、司南、活字印刷、黑火药

四——司南；

大——纸张很大；

发——活字印刷的泥活字和麻将里的"发"很像；

明——黑火药点燃会放出光明。

2. 单字为桩

比如四大发明里"大"这个字，左上方放着一个司南，右上方挂着一张纸，下面放着黑火药，最底下放着活字印刷的版块。

这就是以文字的图像为桩的方式。理论上任意的一句话都可以作为记忆桩来使用，但是有一个问题，一句话中有一些文字会重复出现。最简单的解决方案便是使用没有重复的有序的文字作为文字库使用，比如《千字文》，"天地玄黄，宇宙洪荒……"里面没有任何重复。以熟记新，用《千字文》作为文字库，不仅能熟悉《千字文》，还可以记忆一千个知识点。

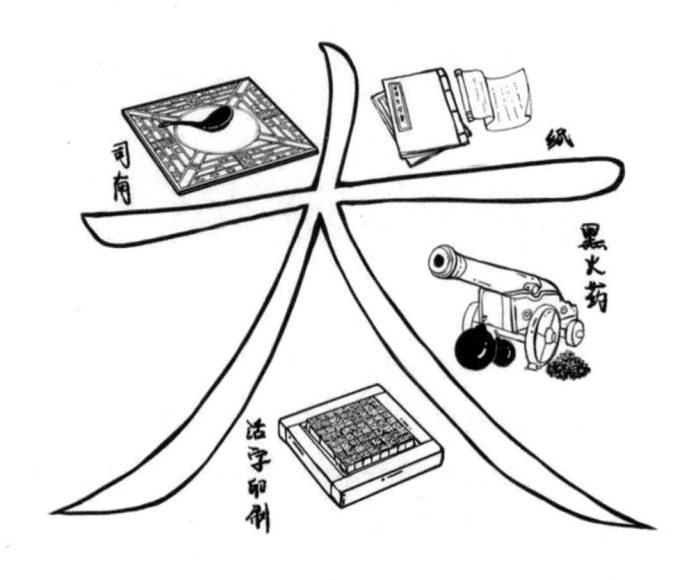

3. 文字桩和古诗

春 雪
［唐］韩愈
新年都未有芳华，二月初惊见草芽。
白雪却嫌春色晚，故穿庭树作飞花。

春：新年都未有芳华，二月初惊见草芽。

雪：白雪却嫌春色晚，故穿庭树作飞花。

第一句写春，第二句写雪，找到关联。

熟悉的古诗也能帮助我们的记忆。例如，我们用"床前明月光，疑是地上霜"来记忆下面的知识点。

世界十大名著：《战争与和平》《巴黎圣母院》《童年》《呼啸山庄》《大卫·科波菲尔》《红与黑》《悲惨世界》《安娜·卡列尼娜》《约翰·克利斯朵夫》《飘》。

床——俗语：夫妻床头吵架床尾和；

前——巴黎圣母院维修需要大量金钱；

明——小孩子放孔明灯；

月——月亮上有广寒宫；

光——一位美国魔术师叫大卫·科波菲尔，魔术师可以利用光影进行表演；

疑——衣服上有红与黑；

是——尸体是很悲惨的；

地——安娜用卡弄裂了地面的泥巴；

上——约翰爬到克里斯的背上躲着；

霜——霜飘起来为雪。

4. 文字以熟记新

五位一体：经济建设、政治建设、文化建设、社会建设、生态文明建设

看到"五位一体"这四个字的时候，很奇妙地就想到了上学时常说的"德智体美劳，全方面发展"，然后顺势使用它来记忆。

德：有德行的人才能当领导——政治建设；

智：看书提升智力——文化建设；

体：有体力才能建设社会——社会建设；

美：美丽的大自然——生态文明建设；

劳：劳动才能创造经济——经济建设。

将"德智体美劳"和"五位一体"绑定在一起。任意熟悉的古诗或是文字都可以用来做桩，并且可以积累。熟悉的内容越多，记忆新的信息也就越快。

第二节 标题桩记忆法

以标题为桩记忆信息，下次看到标题就能想到答案，这是一种简单高效的记忆模式。标题是对内容的总结，而内容是对标题的详细解释，如果我们能够找到其中的联系，记忆的框架就会非常清晰。

1. 标题桩记忆案例之一

教师职业的角色：传道者的角色；授业解惑者的角色；示范者的角色；教育教学活动的设计者、组织者和管理者；父母与朋友的角色；研究者的角色；学生学习的促进者。

先对标题进行拆解，标题：教师 + 职业。

再对内容进行理解。传道者、授业解惑者和示范者对应的就是"职业"。设计者、组织者、管理者、父母、朋友、研究者、学生和"教师"一样都是人。用"教师"来记忆后四条，用"职业"来记忆前三条。

标题和内容的联系本身就非常紧密，标题桩的记忆方式便是先找到这种联系，再使用一些记忆方法对其进行填充，达到完整记忆的效果。

2. 标题桩记忆案例之二

公安执法规范化建设的目标：以积极适应时代发展的新要求、不断满足人民群众的新期待为出发点，以全面提高公安机关的执法能力和执法公信力为目标，以大力解决人民群众最关心、反映最强烈的执法突出问题为突破口，全面推进执法规范化建设，实现执法主体合格、执法思想端正、执法行为规范、执法监督有效、执法制度健全，确保严格、公正、规范执法，又理性、平和、文明执法。

第一步，对这段文字进行拆分。

公安执法规范化建设的目标：

①以积极适应时代发展的新要求、不断满足人民群众的新期待为出发点

②以全面提高公安机关的执法能力和执法公信力为目标

③以大力解决人民群众最关心、反映最强烈的执法突出问题为突破口

④全面推进执法规范化建设

⑤实现执法主体合格、执法思想端正、执法行为规范、执法监督有效、执法制度健全

⑥确保严格、公正、规范执法，又理性、平和、文明执法

第二步，提取标题关键词：公安+执法+规范化。

第1~3条指的是公安为人民服务（满足人民期待+提高能力+解决人民问题）；第4条与标题一致；第5条是执法方面的；第6条是规范化。

第三步，进行记忆。

标题中的公安正好对应第1~3条，执法对应第5条，规范化对应第6条。

参考：公安以服务满足人民为出发点，不断提升自身能力为目标，以解决人民问题为突破口。这样就记住了第1~3条。第4条就是标题，不用记。

第5条执法：这里成语比较多，我们需要压缩之后精确记忆，组合（执法主体合格）、四段（执法思想端正）、新龟（执法行为规范）、酱油（执法监督有效）、纸剑（执法制度健全）。信息对顺序要求不高，我们可以调整下顺序。执法者手拿纸剑将新龟切成四段，再用酱油组合起来炒了一盘菜。

第6条规范化：这些文字本身就很规范，严格对理性，公正对平和，规范对文明。

第四步，回忆全文。

由公安回忆起第1~3条，第4条没记，因为是标题，由执法回忆起第5条，由规范化回忆起第6条。

看到"公安执法规范化建设的目标"这一标题就能想到答案。标题和信息直接紧密关联，回忆起来也会更加顺畅。理解为主，如果需要逐字记忆，就和第5条一样，以此为框架，加上一些记忆联想即可。

3.标题桩记忆案例之三

公安工作保障：

公安工作保障是国家为人民警察依法履行职责、行使职权提供的法律、社会、物质等基础条件的支持和保证，这是人民警察执行职务所必须的条件，这是公安机关履行职责、提高整体工作水平、推动公安事业健康发展的重要基础，也是加强公安基层基础建设的强大支撑。

标题是公安工作+保障。

前面的"国家为人民警察依法履行职责、行使职权提供的法律、社会、物质等基础条件的支持和保证,这是人民警察执行职务所必须的条件",这是公安的保障,里面有三个基础条件:法律、社会、物质,取首字就是"发射物"。公安的发射物是手枪,手枪是警察依法履行职责可以佩戴的,这也是他们可以行使的职权,是警察出去执行危险职务的支持和保障。

后面的"这是公安机关履行职责、提高整体工作水平、推动公安事业健康发展的重要基础,也是加强公安基层基础建设的强大支撑",这可以对应公安工作。第一句中的"履行",对应公安工作穿的鞋子。鞋子可以提高身高。一般破门而入会用鞋子踢开,就是推动。鞋子质量很好,一点事都没有,就是加强。鞋子是在脚底最底层(基层),也是最基础的装备(基础),支撑着我们强大的公安(强大支撑)。

标题"公安工作保障"对应的分别是鞋子和手枪。回忆时,由标题就可以回忆起对应的图像,再由图像回忆起全文。

如果记忆的信息没有标题怎么办?书籍会有名称,作文会有题目,一段内容也有其中心含义,我们可以找到其中心思想,人为创造标题。

第三节　人物记忆法

记忆宫殿是一个非常神奇的系统。我们将信息储存于大脑内的宫殿里,就可以保持长时间地不遗忘。大家比较熟悉的记忆宫殿可能是《神探夏洛克》里的思维殿堂,但是掌握它需要时间,从学习到使用的周期比较长。我们可以先使用我们本身来进行记忆。我们是人,身边也都是人,父母亲朋、同学老师,这些熟悉的人物在记忆法里可以直接使用。人有其作为万物之灵长的特性,且与我们记忆的文字和人都有所关联。

1. 身体桩

先讲解一个学习起来非常快，每个人都有的记忆系统——身体桩。身体桩在记忆法系统里有几个比较大的优势：

（1）熟悉性

我们每天都在使用自己的身体，对于自己的身体非常熟悉，即使是身上的某一颗痣，也知道其详细的特征。

（2）关己性

身体桩的一个非常大的优势就是可以代入自己，即自己可以加入整个联想过程中。

（3）随机性

身体桩具体是哪些？是手？还是足？还是眼？实际并不固定，我认为这便是身体桩的优势，它可以根据我们需要记忆的信息来灵活调整。

身体桩记忆知识点

十个坚持：

坚持党的领导，坚持人民至上，坚持理论创新，坚持独立自主，坚持中国道路，坚持胸怀天下，坚持开拓创新，坚持敢于斗争，坚持统一战线，坚持自我革命。

身体桩	记忆内容	说明
头发	坚持党的领导	头发上戴着王冠，代表了领导
眼睛	坚持人民至上	眼睛里都是人民，人民至上
耳朵	坚持理论创新	耳朵戴着无线蓝牙耳机，无线是一种创新
鼻子	坚持独立自主	想象自己的鼻子被独立团李云龙捏住了
嘴巴	坚持中国道路	嘴巴里的舌头像一条道路，上面还有五星红旗
胸口	坚持胸怀天下	大丈夫胸怀天下
右手	坚持开拓创新	右手拿着锄头，开拓创新
左手	坚持敢于斗争	左手拿着武器，敢于和恶势力斗争

续表

身体桩	记忆内容	说明
腰	坚持统一战线	裤腰带将裤子统一在一条线上
腿脚	坚持自我革命	用腿脚来跑步,锻炼自己,鞋子是皮革的

医学穴位记忆

足太阴脾经穴位:

隐白穴,大都穴,太白穴,公孙穴,商丘穴,三阴交穴,漏谷穴,地机穴,阴陵泉穴,血海穴,箕门穴,冲门穴,府舍穴,腹结穴,大横穴,腹哀穴,食窦穴,天溪穴,胸乡穴,周荣穴,大包穴。

利用身体桩记忆和身体相关的信息就会特别融洽。

脚:脚被重物砸到,失血过多变白(隐白穴),大出血(大都穴),甚至白色的骨头都看到了(太白穴)。是公孙策(包拯的师爷,公孙穴)砸的。

脚踝:脚踝鼓着一个包,像一个山丘(商丘穴)一样。

小腿:小腿上挂着三个银水饺(三阴交穴),水饺里的谷物馅漏了(漏谷穴),掉到地上让鸡吃了(地机穴)。

膝盖:膝盖上挂着一个银铃铛(阴陵泉穴),血如泉水通过铃铛流了出来(血海穴)。

大腿:大腿上有只鸡(箕门穴)。

大腿根:用大腿根用力冲撞开一扇门(冲门穴),打开府舍(府舍穴)。

腹部:腹部疼痛像是打结(腹结穴),像有个大石头横在肚中(大横穴),于是捂着肚子发出哀号(腹哀穴)。

胸口:婴儿食母乳,乳头像豆子一样(食窦穴),不断舔吸(天溪穴),表示吃得很香(胸乡穴)。

肩膀:肩膀上有一碗粥融化了(周荣穴),流到上胸口,又顺着胸口流到了腋下,腋下夹着一个大包子(大包穴)。

2. 人物桩

用一连串关联的人物（八仙、葫芦娃、孙悟空等）来记忆一串长信息，效率会非常高。同时，人物便于编故事、做动作，有利于信息的记忆。

人物桩实战

闻官军收河南河北

［唐］杜甫

剑外忽传收蓟北，初闻涕泪满衣裳。

却看妻子愁何在，漫卷诗书喜欲狂。

白日放歌须纵酒，青春作伴好还乡。

即从巴峡穿巫峡，便下襄阳向洛阳。

这里有八句，可以对应葫芦娃里的八个人物进行记忆。

人物	特征	记忆内容	说明
爷爷	—	剑外忽传收蓟北	爷爷把一把宝剑忽然放到脊背上
大娃	身体可以变大，力大无穷	初闻涕泪满衣裳	大娃变大把衣服撑裂了，在哭泣
二娃	千里眼，顺风耳	却看妻子愁何在	二娃用千里眼看到妻子在叹气
三娃	刀枪不入	漫卷诗书喜欲狂	三娃拿起刀把作业切碎扔到天上，非常开心不用写作业了
四娃	喷火	白日放歌须纵酒	四娃喷火热酒，边喝边唱歌
五娃	喷水	青春作伴好还乡	五娃喷水和同学坐船回家
六娃	隐身	即从巴峡穿巫峡	六娃隐身穿过山峡，从山里找到了宝物
七娃	有宝葫芦	便下襄阳向洛阳	七娃的宝葫芦落下砸响了锣

有的人担心身边的人只有那么多，看的电视也不多，人物库不充足。如果想快速积累更多的人物，这里可以用到《百家姓》。"赵钱孙李，周吴郑王……"赵：赵云，钱：钱学森，孙：孙悟空……如果还觉得少，加个性别。赵：赵云（男）、赵飞燕（女）。如果还觉得少，"赵"这个姓氏的男女老少、

古往今来，都可以进行发散联想。或者"赵云"的亲朋好友，相关联的一些人物也可以使用，如刘备、关羽、张飞等。只要联想得当，人物桩便可以无限制地扩张。

3. 人名记忆法

人的记忆分为无意识记忆和有意识记忆。我们记忆人名的时候一般都是无意识地记忆，记忆效果本身偏弱，再加上人名的特有属性——毫无逻辑，所以非常容易忘记。人名并不像我们平时记忆的词汇，它是任意两个或是三个字组合在一起，常常缺少关联，所以我们可以在第一次听到他人的名字的时候，使用一些有意识的记忆技巧。

举几个例子：

刘看山——牛站在那看着大山（故事法）

柯梓矜——青青子衿（谐音），悠悠我心

于千——于谦（以熟记新）

周石星——粥里面有石头和星星（拆字）

柯学——科学家（增减字）

……

相较于中国的人名，国外的人名更加难以记忆，因为我们很难知道文字里面的寓意或单词本意，而且翻译成中文之后更加绕口和冗长。一般采取拆分的方式来记忆。

安娜·卡列尼娜——安娜用卡弄裂了地上的泥巴（拆分记忆）

约翰·克利斯朵夫——约翰在克利斯头上贴了很多福字（找熟人）

列夫·尼古拉耶维奇·托尔斯泰——列车上扶着栏杆的尼古拉斯·凯奇拉着野味给托尔斯泰（谐音故事法）

基本了解人名记忆的技巧后，接下来的问题便是如何一一对应。一个名字对应一个人，我们需要把这个名字与这个人联系起来，不然容易弄混。

一般的方法是找人的特征，例如，某个人的眉毛、胡子、发型很有特点，就将这些特征编码后与他的名字联结起来,这样就容易对应记住了。

第四节 以熟记新法

以熟记新的本质是用已经烂熟于心的内容作为线索,帮助记忆新的知识点。由于熟悉的知识点的提示作用,新的知识点能更好地被回想起来。

大家在平时可以多积累一些知识。这也就是常说的,当你会的东西越多,去学习新的技能也会越快。那么当你记的东西越多,你去记忆新的东西也就越快、越牢固。

单词记忆中,这一点体现得非常明显。

我们在记忆 money(钱)这个单词的时候会发现,里面有一(one)美元(my),这样就记住了这个单词的拼写。carpet(地毯)中有熟悉的单词 car 和 pet,组合在一起,汽车(car)撞到了地毯上的宠物(pet)。

以熟记新不仅是一种记忆方法,它也是记忆法的核心理念。记忆宫殿和联想也是以熟记新,以已知记忆未知。我们在学习和生活中熟悉的事物非常多,具体的操作策略也有所不同。

1. 熟悉的物体

硝酸纤维素是一种白色或微黄色纤维状聚合物,无臭、无味,耐水、耐稀酸、耐弱碱和各种油类。

硝酸纤维素是什么?法国有位化学家在做实验的时候,发现装硝酸纤维素溶液的试管摔裂但是不碎,再结合车祸中乘客和司机被玻璃划伤的现象,由此发明了玻璃纤维。如何来记忆这一段知识呢?

用熟悉的面包作类比。面包里面是白色的,外面是黄色的,是纤维状物体聚合在一起。你用嘴咬了一口面包,上面沾满了很臭(无臭无味)的口水(耐水）。口水有轻微腐蚀性（耐稀酸）。做包子、花卷用碱发面，做面包不用碱（耐弱碱）。面包上还涂抹很多油（各种油类）。

2. 熟悉的地标

青藏高原生产青稞的自然条件：地势高，气温低，温差大，降水少，光照充足。

这种地址类信息的记忆，可以找到当地的标志进行代替，比如珠穆朗玛峰。珠穆朗玛峰的地势世界最高，气温非常低，海拔高、空气稀薄、太阳辐射多，温差大，云都在山腰，雨水下不到那，降水少，没有云挡着，光照充足。

3. 熟悉的日常俗语

《中华人民共和国治安管理处罚法》

第六十六条　卖淫、嫖娼的，处十日以上十五日以下拘留，可以并处五千元以下罚款；情节较轻的，处五日以下拘留或者五百元以下罚款。

在公共场所拉客招嫖的，处五日以下拘留或者五百元以下罚款。

先找到这段信息的核心数据信息：十日、十五日、五千、五日、五百。我立马想到一个熟语："识时务者为俊杰。"识（十日）时务（十五日、五千、五日、五百）者为俊杰。

违法犯罪之后要如实供述，识时务者为俊杰。

第五节　类比记忆法

类比，可以说是人类知识链接的桥梁。它使你不需要从头开始学习新知识，通过类比，将旧知识和新知识连接在一起，从而减少认知的难度和时间。比如小学老师用煮熟的鸡蛋和地球进行比较，让人理解地球的构造。新的知识，通过简单的类比，变成了我们的知识。

类比：就是由两个对象的某些相同或相似的性质，推断它们在其他性质上也有可能相同或相似之处的一种推理形式。

英国的培根有一句名言：类比联想支配发明。我们从鸟的翅膀，类比联想出了飞机的翅膀，从茅草划伤手指类比联想出了锯子。

在学习中，把电流比作水流，把电压比作水压，把生涩难懂的变为生活中的常识，也符合我们的记忆法则。

类比可以帮助我们理解和学习新事物。绝大多数时候，我们记忆是为了理解，理解是为了应用。实际记忆中不必那么复杂，一般会找一个熟悉的事物来代替新的事物。先找到相似性，再推导出自己需要的结论。在记忆方法里，就是将复杂的和简单的进行类比，找到共同点。重点在比的过程，最终的结论便是通过比较记住这段信息。我将这些归类到类比记忆法，但实际操作又没有类比所要求的那么多，更像是一种"相似性"记忆。

1. 教学中的类比

在记忆讲师的讲课过程中，经常会应用类比记忆法，将学生不熟悉的某些文字，与另外一种学生熟悉的，而且具有很多相似性的事物进行类比，让学生更容易理解和记忆。

类比记忆案例

风机的性能参数：效率、流量、噪声、振动、压力、功率、转速。

由风机联想到熟悉的吹风机。吹风机吹干头发的效率比自然风干要高很多。功率可以调整，有一档、二档、三档。电机转速非常快，吹出风（流量），风的压力也比较大，并且有噪声和振动。

一般来说，类比的两个事物的相似程度越高，联想记忆也就越轻松，记忆效果也就越好。类比的本质是以熟记新，因为人的时间毕竟是有限的，短时间内能够掌握的知识也有限。那么我们需要这样的能力，帮助自己将有限的知识扩展到更多的知识学习中去。

随着你记忆的东西越多，知识框架也就越大。再去记忆其他的内容，也就越简单。所以训练记忆法的前期很多时候就是在大量地记忆信息。如果把记忆力比作高楼大厦，你在本书中记忆的信息不仅是记忆这段信息本身，也是为了你以后的记忆提升添砖加瓦。很多人学记忆法，大脑里会出现一个声音："我记书上的东西有用吗？一点用都没有啊，我为什么要记它？"这种想法很正常，但你想改变自己，就要和自己的大脑不断作斗争，不要后悔过去，担忧未来，要活在当下，记在当下。

2. 记忆法与类比

水和记忆法类比案例

夫兵形象水。水之形，避高而趋下；兵之形，避实而击虚。水因地而制流，兵因敌而制胜。故兵无常势，水无常形，能因敌变化而取胜者，谓之神。（《孙子兵法》）

这里指的是带兵打仗要学会趋利避害，攻击别人薄弱之处，就像水一样，别人在变化，我也在变，所以并无常势。水没有固定的一个形态，遇到方的容器水就是方的，遇到圆的容器水就是圆的。能根据敌人的变化来制胜的，就叫用兵如神。

这一段将用兵类比成了水，我们的记忆法和用兵实际上非常类似。

夫兵形象水，水之形，避高而趋下，兵之形，避实而击虚。

记忆要学会避免记忆那些不重要的内容，攻其重点（关键词）。

水因地而制流，兵因敌而制胜。

记忆时经常会记忆不同类型的信息。

兵无常势，水无常形。

学习时也没有固定要记忆的内容！不同的人看待不同的信息感受也不同。

能因敌变化而取胜者，谓之神。

能根据不同的信息和不同的人群采取不同的记忆策略，这就是"记忆大神"。

记忆也和水非常像，水流过后会有痕迹，有的痕迹深，有的痕迹浅！深的痕迹会保留很长的时间不消失，浅的痕迹可能立马就被填平，而记忆状态也是如此。流畅的记忆状态像流水一样丝滑，如果状态受损，立马就会磕磕绊绊，难以前进。

类比无处不在，所以我可以通过之前背的书来帮助自己学习记忆法，因为这种联系是相互的，那么我也可以通过对记忆法的理解来帮助自己记忆这段文字，把难以理解的变为容易理解的。

实际信息的类比案例

股票的特征：收益性、风险性、流动性、永久性、参与性。

我们可以抓住"风险性、流动性"这两个特性找到相似的事物。

比如小时候去河里抓鱼，抓到鱼可以去卖钱（股票），是有收益的。河水湍急有风险，水是流动的，而且奔流不息（永久的）。抓鱼需要你下河去参与。

3. 和过去的知识进行类比

人类命运共同体：

人类命运共同体旨在追求本国利益时兼顾他国合理关切，在谋求本国发展中促进各国共同发展。人类只有一个地球，各国共处一个世界，要倡导"人类命运共同体"意识。

根据这段文字，我第一时间想到以前背过的《孙子兵法》，其中在《九地篇》中有一句就是：夫吴人与越人相恶（wù）也，当其同舟而济，遇风，其相救也，如左右手。

春秋时，吴国和越国经常交战。一天，在吴越交界处河面的一艘渡船上，乘坐着十几个吴人和越人，他们各自坐在船的一侧，双方谁也不搭理谁。突遇狂风暴雨，船即将倾覆，不管是吴人还是越人，都争先恐后地去解救船只。他们的行动，就像左右手配合得那么好。

人类命运共同体就像这艘船，河面只有这一艘船，人类只有一个地球，吴越人共处一艘船上，各国共处一个世界。大家都知道船翻了大家就都会落水，因此要倡导"人类命运共同体"意识。风暴来临，吴国在保护自己的同时（人类命运共同体旨在追求本国利益时），也要保护越国人（兼顾他国合理关切），在操作船只的同时也要和越国相互合作（在谋求本国发展中促进各国共同发展）。

4. 用熟悉的场所类比

金融市场的特点：

商品的特殊性；金融市场具有价格的一致性；交易活动的集中性和交易场所的非固定性；金融市场是一个自由竞争市场；金融市场的非物质化；金融市场交易之间不是单纯的买卖关系，更主要的是借贷关系，体现了资金所有权和使用权相分离的原则；现代金融市场是信息市场；交易主体的可变性。

我们将金融市场类比成我们熟悉的菜市场。

商品的特殊性——猪肉属于生肉类，特殊食材；

金融市场具有价格的一致性——菜市场猪肉价格是一样的；

交易活动的集中性和交易场所的非固定性——买菜、卖菜的都集中在一起，商贩各自有不同的摊位；

金融市场是一个自由竞争市场——不同的卖家就是自由竞争；

金融市场的非物质化——用支付宝付款；

金融市场交易之间不是单纯的买卖关系，更主要的是借贷关系，体现了资金所有权和使用权相分离的原则——用花呗付钱，这样就不是单纯的买卖，是借贷，你借了支付宝的钱，所有权是支付宝的，使用权是你的，两者相分离；

现代金融市场是信息市场——手机扫码；

交易主体的可变性——买了几个猪蹄。

记忆分为容易遗忘和不容易遗忘的。我们在背书的时候，肯定是希望记忆牢固，不然频繁地复习会非常浪费时间。在传统的记忆方式中，想要记得牢固，最简单的方式便是理解它。理解程度越高，记忆内容在脑海里保存的时间也就越长。如果能够通过你的理解，将这个知识融合到其他的知识里面，那么学习会更加轻松。

　　知识是互通的，能够通过类比将这些不相关的知识点连接在一起，那么你的学习能力就会有非常大的提升。比如你会骑自行车，再去学电瓶车就会非常简单。如果你是学金融的，再去学和金融相关的一些专业，通过证券、基金之类的考试也会非常容易，因为你对金融这个行业的理解程度非常高，有一套比较完善的知识系统。

第五章

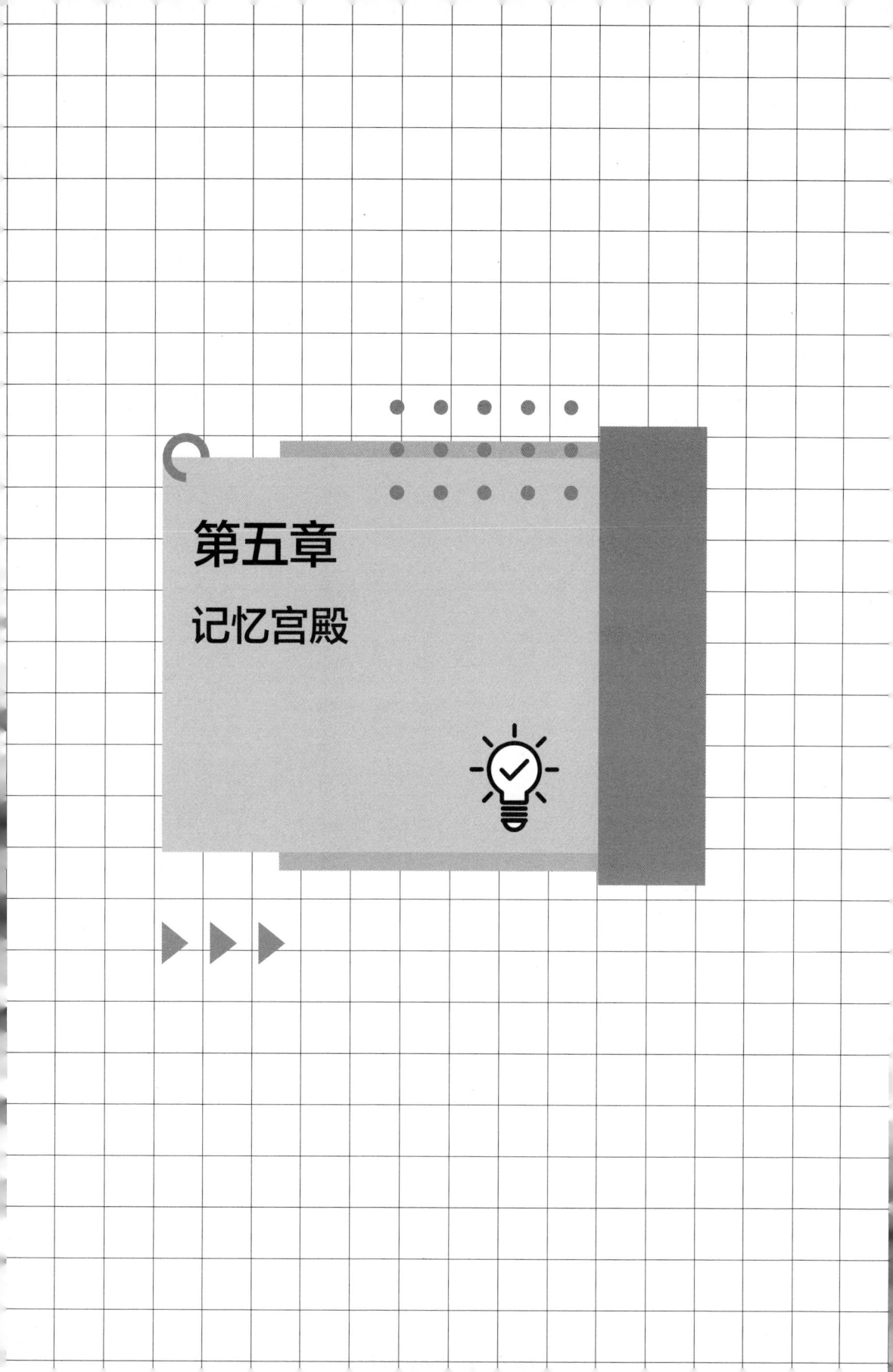

记忆宫殿

第一节 记忆宫殿典故

记忆宫殿并不是真的需要在脑海里建立一栋宫殿，我们需要从宫殿里跳脱出去。"宫殿"这个词其实是对记忆法的很好诠释，形象地将这种抽象的储存系统呈现在我们的眼前，仿佛真的在大脑里建造一栋宫殿一样。但现实中这是不可能的，这个宫殿是指存在于我们脑海里的记忆，我们可以利用这段记忆去记忆新的事物。

宫殿的主要组成部件是"地点桩"，"地点桩"越多，宫殿也就越大，可以储存的信息也就越多。脑海中所有"地点桩"的总和就是你的"记忆宫殿"。还有很多其他的叫法，比如"思维殿堂""罗马房间法""记忆大厦"等。

西蒙尼德斯是公认的记忆宫殿创造者。最早的有关记忆法的文献《论演说家》讲到一个关于西蒙尼德斯的故事，利玛窦的《西国记法》中也有相似的描述，虽然事件的细节不同，但是所述都是同一个人物。

西蒙尼德斯去参加一个宴会，中途有事离开了一下。在他离开后，宴会厅塌了，里面的宾客全被压死，并且面目全非，认不出谁是谁，这对家属认领尸体造成了困难。西蒙尼德斯解决了这个问题，他记住了宾客的名字和其对应的座位，从而根据座位推导出座位上尸体的名字。由此他想到有序的物体可以帮助我们记忆需要记忆的内容，从而创建了记忆宫殿体系。

利玛窦是将西方记忆法传入中国的第一人，也是中国记忆法的鼻祖。目前国内的记忆体系仍能在他的记忆法著作《西国记法》里找到影子。

很难想象，明朝晚期的一位外国人，对于中文的记忆法描述之详细，远超当代很多记忆法书籍。其对记忆法之深度剖析让人感动，对于我们记忆力讲师和爱好者也有着极大的鼓舞和勉励。

现在的记忆宫殿，包括我的记忆大厦系统也都是基于这套系统创造的。真正好的记忆原理经得起时间的推敲。目前绝大部分的"世界记忆大师"也是通过记忆宫殿系统获得这个称号的。

第二节　记忆宫殿的使用

记忆宫殿的优点：任何信息都可以储存，提供回忆线索，有序，切割记忆，可以事先储存。

我在高中的时候，每到周末都要骑自行车到 6 公里外的镇子上，来回就是 12 公里。这段路对于一个骑着家用自行车的高中生来说相当漫长。当时想到一个方法，在这 6 公里的路途过程中找若干个标志物，路标、丁字路口、大楼、水泥厂……将路途分成若干份，骑完一个区间后，目标就是下一个标志物。虽然总路程不变，但是感觉轻松了很多。现在想来，这是对任务进行了拆分。一次骑 6 公里很难，一次骑 1 公里就轻松很多。一次记 6 句话很难，一次记一句话很简单。这些标志物神奇地和记忆宫殿地点桩非常相似，不过当时没想到可以用它来背书。

1. 记忆宫殿地点桩

宫殿的数量其实就是"桩"的数量，桩子越多，宫殿也就越庞大。很多人拒绝使用记忆宫殿的原因之一便是地点桩的储存困难。本来要背的书就已经很多了，现在还要记忆地点桩，增加了工作量，担心得不偿失。其实记忆宫殿的一大优势恰恰就在于此，它可以为我们的记忆提前做好准备。记忆宫殿是实打实的记忆利器，只要记忆法能力足够强大，任何的信息都可以储存进记忆宫殿。考场如战场，多备者多胜，少备者少胜，不备者不胜。

地点桩最基础的功能就是储存信息。相对应地，桩子的数量越多，可以储存的信息也就越多。

举个例子：如果一个人拥有 1000 个桩子，他的记忆法能力能够一次记一句话，那么这 1000 个桩子最起码能够记忆 1000 句话。这不是最神奇的地方，因为桩子的存在，我们还可以非常轻松地复习和抽背、倒背。

我们用宫殿实际记忆一段信息：

破阵子·为陈同甫赋壮词以寄之

[宋] 辛弃疾

醉里挑灯看剑，梦回吹角连营。八百里分麾下炙，五十弦翻塞外声，沙场秋点兵。马作的卢飞快，弓如霹雳弦惊。了却君王天下事，赢得生前身后名。可怜白发生！

记忆之前建议先读两遍，尝试理解内容。理解会减轻我们的记忆负担！对应十段信息，先记忆十个地点桩。

卧室：1. 台灯；2. 墙面；3. 枕头；4. 床；5. 床头柜；6. 柜子；7. 花瓶；8. 开关；9. 桌子；10. 沙发。

地点桩务必要非常熟悉。磨刀不误砍柴工，多看几遍，达到闭目都可以从

第一个回忆到最后一个的程度为止。

然后将信息放置到这个宫殿之中，与地点桩一一串联。

台灯前面有个喝醉了的人在看剑（醉里挑灯看剑）；

墙上挂着号角（梦回吹角连营）；

枕头上挂满了牛肉（八百里分麾下炙）；

床上武林高手在弹琴（五十弦翻塞外声）；

床头柜上全是沙子，有很多士兵在前面操练（沙场秋点兵）；

马在柜子上跑（马作的卢飞快）；

箭射在花瓶上，"砰"的一声碎了（弓如霹雳弦惊）；

秦始皇按下了开关便去世了（了却君王天下事）；

桌子上立着一个牌坊（赢得生前身后名）；

沙发上有个白发老头（可怜白发生）。

根据记忆宽度再回头复习一遍。复习完之后，如果对地点桩还不熟悉，先看着地点桩回忆一遍；如果对地点桩已经非常熟悉，直接闭目回忆。回忆完成后可以尝试倒背，只需要由最后一个桩子依次回忆到第一个桩子即可。

只要地点桩的数量足够多，理论上我们可以记忆所有的古诗或文章，成为真正的移动百科全书。

记忆宫殿还有一个非常强大的功能——切割记忆！一篇文章就如同一块大蛋糕，我们无法一口吞下，最简单的解决方案便是将其切割成若干等份，一口一口地吃掉，把多的变为少的。记忆宫殿地点桩本身就是对图像的切割；我们看完一幅画很难将它的细节记住，但是将它拆分成几个部分，逐一记忆，再组合成整幅画面就更加简单。

每个地点桩都是一个单独的空间，地点桩之间的联系便是空间顺序。在记忆信息时，文字的联想图像需要根据地点桩发生变化，比如放大、缩小、旋转……

2.记忆时地点桩多了或是少了怎么办

我们平时背书，记忆的知识点很难正好是 10 个，所以一个房间的桩子要么多了用不完,有些浪费,要么太少了不够用,记不完一个完整的知识点。

如果记忆一段信息只用了8个地点桩,那么还剩下2个地点桩该如何处理?

①继续记忆新的知识点。如果不够用,平滑切换到下个房间。

②剩下的2个桩子直接不用了。

③扩展学习,用剩下的2个桩子记忆和这个信息相关的内容,比如记忆古诗时,可以进行补充记忆,利用这两个地点桩记忆作者的信息,如出生年月、代表作、生活经历等。

记忆一段信息需要用到12个地点桩,一个房间只有10个地点桩,不够用怎么办?

①什么都不用想,换下个房间记忆。

②在本房间里增加几个桩子,直至足够记忆。

③优化联想。笔者最喜欢的方案还是压缩信息,比如有14个知识点,我可以一个地点桩上记2个,这样就能把信息控制在一个房间里,地点桩还会有富裕。

记忆宫殿实战演示

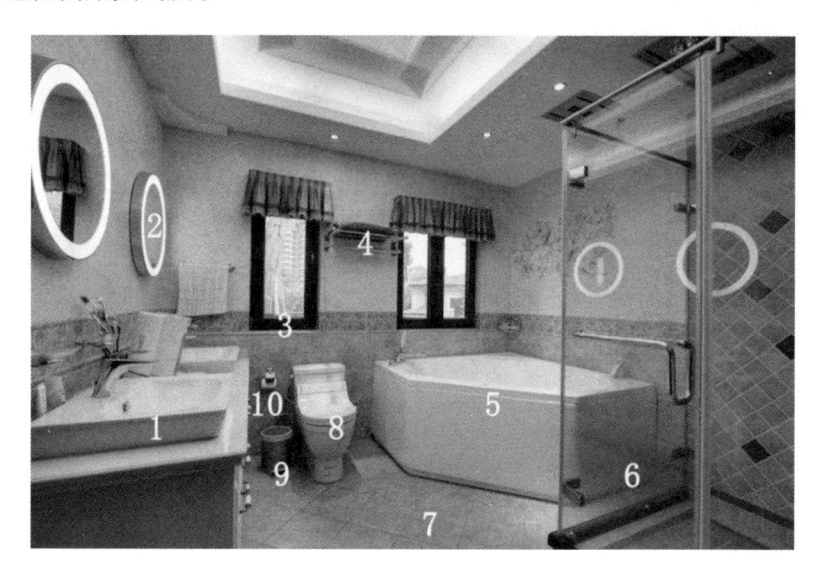

洗漱室:1.洗手池;2.镜子;3.窗户;4.毛巾架;5.浴缸;6.玻璃门;7.地板;8.马桶;9.垃圾桶;10.卷纸。

法约尔提出的十四条管理原则：

劳动分工；权力和责任；纪律；统一指挥；统一领导；个人利益服从整体利益；人员的报酬；集中；等级制度；秩序；公平；人员稳定；首创精神；人员的团结。

洗手池前有两个劳动完的工人在洗手（劳动分工），一位是小组长，一位是干活的工人（权力和责任）。

镜子里面一个交响乐队有纪律地坐好（纪律），前面站着一位总指挥（统一指挥），领导着乐队的节奏（统一领导）。

窗户外一个男人上交工资给老婆（个人利益服从整体利益），工资便是人员的报酬（人员的报酬）。

毛巾架上集中着很多毛巾（集中），毛巾是一级一级往上累加的（等级制度），最上面放着一张纸（秩序）。

浴缸里有个天平（公平），天平的两端各放着一个人，他们维持着平衡，非常稳定（人员稳定）。

有个人拿头撞玻璃门，铁定是精神失常（首创精神）。玻璃门里很多人团结地抵着门，不让他进来（人员的团结）。

这里 14 个信息块组合在一起，使用了 6 个地点桩便记忆完成。随着你记忆能力的提升，甚至可以做到只使用一个地点桩就记住这道题目。那么一个地点桩到底能储存多少信息？

3.一个地点桩能储存多少信息

这是很多初学者会提到的一个问题。大家可以先做一道数学题：一个地点桩上可以储存 50 个字，一篇文章 2000 字，一个房间 10 个地点桩，需要多少个房间？

但是现实背书会是这样的一个理想情况吗？很难，一般会有几个因素影响地点桩上的信息储存。

(1)对文字的理解和熟悉程度

如果要将《静夜思》联结到一个地点桩上,想必大部分人不会觉得困难。因为你对这首诗已经滚瓜烂熟了,只需要一个引子,告诉你这首诗的题目,你就可以从头到尾背出来。

那么假如要你把下面这首诗放在一个地点桩上呢?

九歌·国殇

操吴戈兮被犀甲,车错毂兮短兵接。
旌蔽日兮敌若云,矢交坠兮士争先。
凌余阵兮躐余行,左骖殪兮右刃伤。

如果你事先没有背过这首诗,想必这个任务非常难。这首诗里的生僻字非常多,意思也难以理解。所以相较于《静夜思》,记忆宽度会小很多,需要更多的地点桩来拆分存放。

(2)地点桩与信息之间的关联

举个例子:"忽如一夜春风来,千树万树梨花开。"

如果使用地点桩"坐垫"来进行记忆,可以想象这个坐垫上长出了一棵树,树上百花齐放。不过,如果我们使用地点桩"盆栽"来记忆就会轻松很多,因为盆栽本身就是树(植物),不用额外出图像来进行联想记忆,这样我们可以使用这个地点桩储存更多的信息。

(3)记忆法能力

记忆法能力是需要训练的。联想、定桩、编码等能力越强,同样一个地点桩储存的信息也就越多。比如,笔者一个地点桩最多可以储存200个字,有的初学者一个地点桩只能储存10个字,同样的信息,初学者需要准备20倍的地点桩才能完成记忆。

记忆宫殿还有一个优势是在复习上。用记忆宫殿记忆时,我们将信息进行了拆分,方便记,回忆压力也会对应地减少,而且方便了复习。我们在背一篇文章的时候,有的内容比较长,有的内容比较短,如果背完之后再复习就会显得混乱,但是每个地点桩上记忆的内容的字数大致相同,方便了记,也方便了忆。以地点桩来安排复习计划也会比较有效。

第三节　记忆宫殿的建立

要如何建立自己的记忆宫殿系统？必不可少的步骤便是储存地点桩。地点桩的储存就要看你自己对于地点桩的需求是什么。

1. 地点桩分类

地点桩按照位置分为室内桩和室外桩；按照地点桩本身分为物体桩和空间桩；按照来源分为现实桩和虚拟桩。

室内桩和室外桩

一个是有盖子的，一个是没有盖子的。

室内桩：室内寻找，客厅、卧室、家具等，比较紧凑，熟悉速度快，记忆速度快。

室外桩：室外寻找，公园、小区、学校等，空间大，代入感强。

物体桩和空间桩

一个是实际物体，一个是物体前的空间。

物体桩：具体的物体，比如台灯、杯子等，串联起来比较流畅。

空间桩：比如墙角、桌面、桩子前的空间，空间承载信息能力强。

现实桩和虚拟桩

一个是现实中走过的地方，一个是没有去过的。

现实桩：现实存在的、自己走过的地方，身临其境，感受清晰。

虚拟桩：网络搜索的图片，或是 VR 视频等，寻找和积累容易。

这六种地点桩一般都是整合在一起组成一个地点桩系统。

室外 + 空间 + 现实　　　　　　　　室内 + 物体 + 虚拟

最好用的地点桩是什么？绝大部分人会说是现实桩，就是自己一个一个在现实中找的地点桩（比如上面的大花盆对于我是现实桩，对于你则是虚拟桩）。现实桩的优势非常多，因为是自己去找的地点桩，熟悉起来轻松而且记忆稳定性高。"世界记忆大师"用得最多的便是现实桩。

现实桩的个体差异性很大，每个人身处的环境不同，所见的事物自然不一样。甚至身高不同，看待同一个事物的角度也不同。国内和国外记忆爱好者的地点桩选取就有差别，有的会选择比较大的建筑，有的会选择比较小的物体。

如何在短时间内建立大量的地点桩？虚拟桩的优势就能很好地体现出来。比如我建立的记忆大厦系统，别人也可以直接拿来记忆使用，减少了大量寻找地点桩的时间。

虚拟世界绝对是未来记忆宫殿的一大方向。在 VR 设备的加持下，虚拟桩更加立体，甚至可以自我设计和调整虚拟桩。操作得当，虚拟桩完全可以比拟现实桩，而且比现实桩更容易管理。

2. 地点桩要求

自己制作或是寻找地点桩的过程中要注意几点：
①顺序。按照顺时针或是逆时针顺序都可以。有序是记忆宫殿的优势所

在，杂乱无章会导致记忆混乱，最好是提前固定好，方便管理。

②储存。地点桩长时间不使用很容易遗忘，因此找现实桩最好要拍照或是拍视频留存。当然不留存其实也可以，只要频繁使用熟悉即可。长时间不用会为记忆宫殿蒙上灰尘。

③空间。地点桩的空间感很重要，可以用来储存事物。比如墙上的画、吸顶灯、玻璃之类的平面桩，在使用的过程中就会出现一个问题，信息很难放上去。

④距离。室内桩两个桩子之间的距离不宜太远，太远则房间里就找不到多少地点桩了。室外桩无所谓，隔个几十米也能用，在大脑里能自由切换即可。

⑤大小。地点桩的大小根据自己的使用习惯来，不能过分大，也不能过分小，一般室内的地点桩会比较小，室外的地点桩会比较大。记忆信息的联想要根据地点桩来调整大小。

3. 定桩技巧

前期记忆的准确率和地点桩的关系很大，地点桩不熟悉就记不住，地点桩用不好也记不住，放不上去也记不住。

如何把信息放在地点桩上？有几个考虑因素，第一是信息的种类，不同的信息放置方式肯定不同。若信息与地点桩有关联，则容易与地点桩联结。第二是地点桩的种类，物体桩适合使用串联法，空间桩适合直接"放"上去。室内桩比较紧凑，提取速度快，比较适合古诗文等连贯的信息；室外桩比较空旷，适合记忆大的段落信息。熟悉之后，现实桩和虚拟桩的使用效果其实相差不大。

比如，记忆信息：榴梿。

地点桩是花瓶：榴梿砸碎了花瓶。

地点桩是桌子：桌子上放着一个榴梿。

整体定桩最好要符合正常的逻辑。例如，榴梿在擦花瓶就会显得很违和，使人感觉不适和排斥。也不必太过暴力（如榴梿砸碎了桌子），动静大确实感官刺激比较强，但是需要额外的精力和时间出图和优化，有这时间能多记好几段信息。所以要找到适当的一个点，首先自己能记住，而且联想不用特别夸张。这种符合正常逻辑的"放"就适合绝大部分人。

最后一个影响因素便是使用的人，有的人喜欢先将信息转换成图像之后放在地点桩上，就是先出图再定桩。还有的人喜欢根据地点桩选择信息的联想图像，就是先定桩再出图。

4. 万事万物皆可为桩

记忆法的核心原理——以熟记新。随着记忆能力的提升，你会发现任何熟悉的事物都可以作为"桩子"来使用，用来帮助记忆。行驶的车辆、地面的落叶、树上的知了、嬉戏的孩童、唱跳的歌手……一花可装一世界，一叶可藏一乾坤。只要联想得当，万事万物皆是记忆宫殿。

记忆宫殿本质是对空间的拆分。依此类推，对人进行拆分就会衍生出身体桩，对汽车进行拆分就是汽车桩。甚至抽象的信息也可以进行拆分，比如文字（赢：亡口月贝凡）、人的姓名（柯、梓、矜），万物皆可拆分，万物皆可为桩。

当桩子的数量庞大时，新的问题出现了：如何管理桩子？这是记忆宫殿学习过程中会面临的一个比较困难的问题，大量的地点桩不好管理。下一节将给你带来答案。

第四节 记忆大厦

"记忆大厦"的使用方式和记忆宫殿一样，但是管理更符合我们当下的生活环境。

在记忆宫殿的使用过程中，几乎每个记忆爱好者都会遇到这样的一个问题：地点桩不好管理。这里有一些，那里有一些，复习和使用都会显得非常杂乱无章。最简单的管理方式便是在建立自己的记忆宫殿的时候，为它提前搭好框架。

1. 记忆大厦管理系统

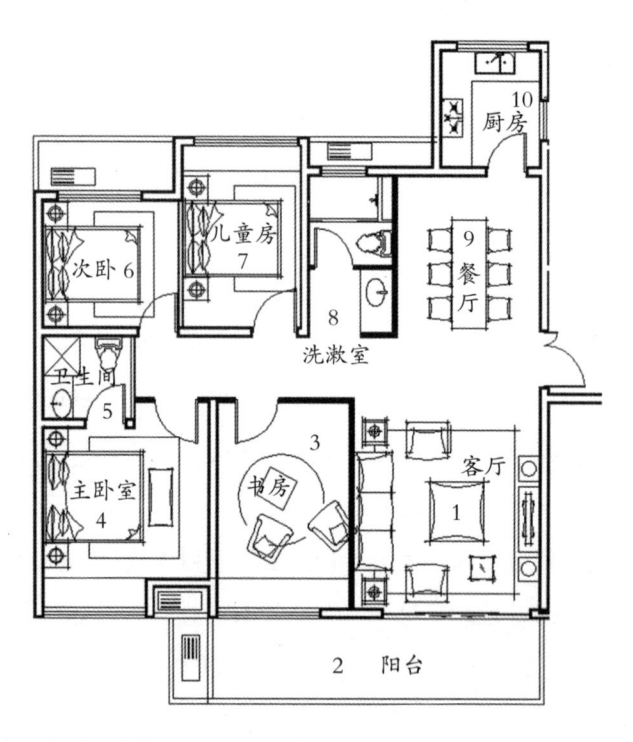

这张图是记忆大厦的地基，也是管理地点桩的基础！所以请务必记住这张图，就当它是你自己家，大脑里的家！这套记忆大厦管理系统会让你很轻松地建立和记住地点桩。接下来说说怎么记这张设计图纸。由入口进来顺时针行走：

客厅→阳台→书房→主卧室→卫生间→次卧→儿童房→洗漱室→餐厅→厨房

厨房旁边是楼梯，通向二楼，往上的楼层结构和一楼一样。一层楼十个房间，一个房间十个地点桩，一层管理一百个地点桩，十层共一千个地点桩。这样的结构方便管理。第52个桩子就是第6个房间（次卧）里的第2个桩子。

按照上一节对地点桩的划分，记忆大厦的地点桩类型主要属于"室内 + 物体 + 虚拟"。

然后说说十层怎么区分。实际上总共就十层，死记硬背也可以，但是新手记忆多了难免会产生混乱，所以我们可以在每一层的客厅里面找一个特征物，比如第一层的客厅有一个风扇，第二层有两只山羊，第三层有三幅画……依次往上寻找。或者使用数字编码直接管理，一支笔（1）插在第一层客厅的空调上，导致空调冒烟。数字编码可以作用在地点桩上，也可以放在房间内其他的位置。

2. 地点桩的记忆方法

①先使用定桩图虚拟在房间里走一圈，记住每个桩子的物体。看着原图走一遍，然后闭上眼睛走一遍，最后进行复习，确保无误。

②可以编个故事，例如第一层第一个房间，风扇把花瓶吹落到凳子上，里面的水洒到了茶几上……利用类似这样的故事，会记得很牢固。

③利用数字编码记忆，大厦一层一百个桩子，可以将 1~100 数字编码的物体放置于桩子上，与之发生点接触，加深印象。比如：铅笔插在风扇上，鸭子在喝花盆里的水……这样记会很快，而且很好复习，可以同时复习数字编码和房间地点桩。

重点：记住的是桩子的图像和方位（左下方的电扇，右下方的垃圾桶等），不是地点桩的名称。名称只是个标注而已。只记名称反而会限制你记忆和提取的速度，而且名称的重复性会让你的记忆宫殿异常混乱。

3. 地点桩常见问题

重复性问题：在房间里会有很多重复的桌椅板凳，这时就要根据它们不同的特性加以记忆。每张桌子都有着各自的空间位置，可以加强特点上的记忆，或者夸大其特点以方便记忆。实在想不到也可以破坏地点桩，通过猛烈地撞击或者燃烧等也可以加强对大脑的刺激，加深印象。其实用于记忆文字信息的话，重复性影响并不大，因为文字信息会有前后呼应，不像竞技记忆内容具有随机性。

记忆多少地点桩合适：个人建议先储存一层 10 个房间 100 个地点桩（根据实际情况而定），等这 100 个使用完了再去往上添加即可。这样记忆压力不大，也可以在使用的过程中找到适合自己的地点桩。

4. 记忆大厦房间背诵要求

记忆高手：从第1个桩子到第10个桩子，脑海中过一遍只需要3秒（保证地点的清晰，而不是一个整体概况路线，要有代入感）。

一般水准：1~10号桩子能在10秒内流畅地过一遍，两个房间的转换不会卡顿。

入门选手：从第一个桩子慢慢能想到后面的桩子。

一般情况下，如果不是背数字和扑克牌，做到一般水准即可。由于篇幅有限，有关"记忆大厦"一千个地点桩的具体细节就不做过多介绍了，有兴趣的读者可以跟我联系。

第六章

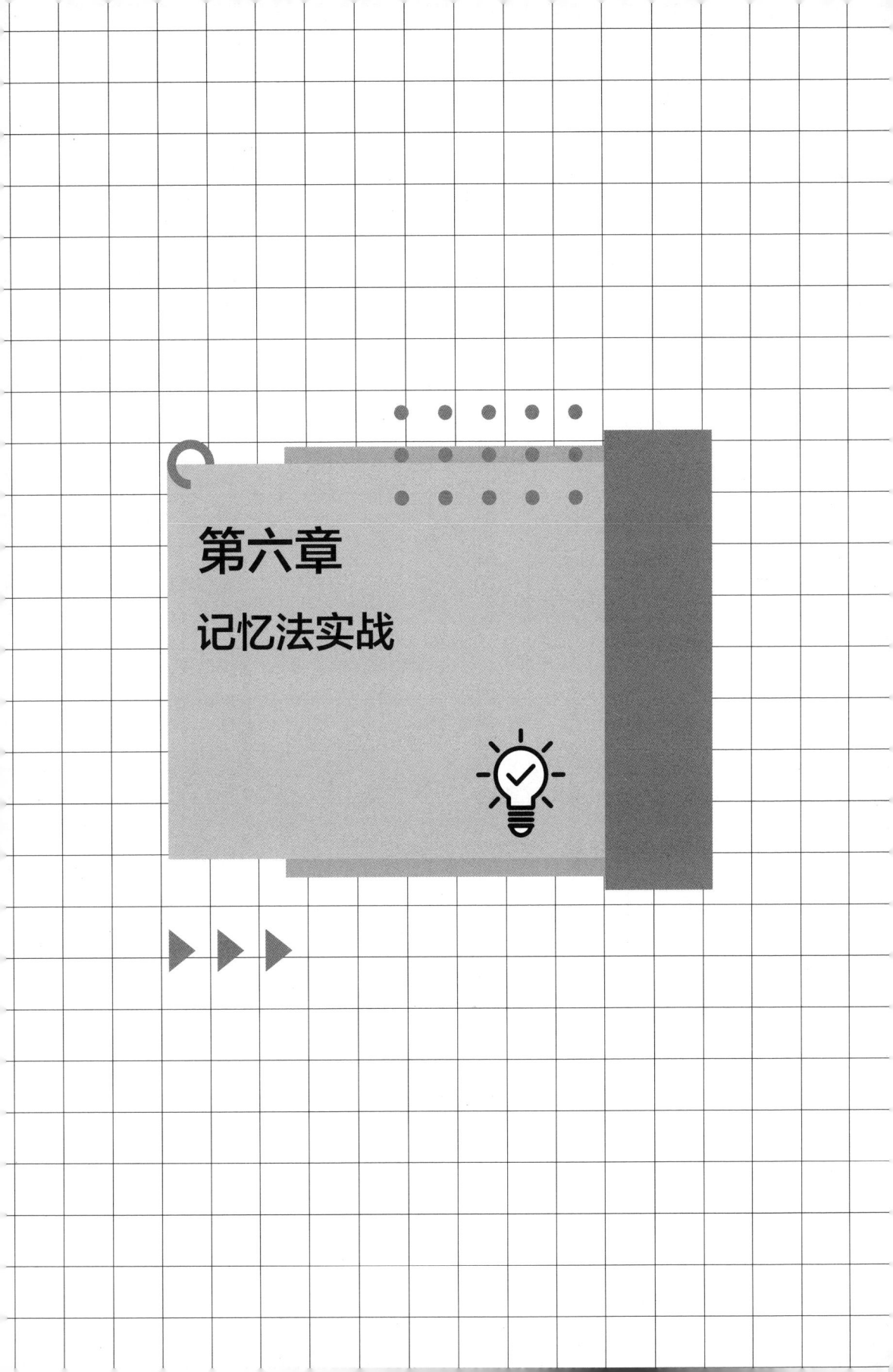

记忆法实战

第一节　短句记忆法

短句是记忆过程中必不可少的要素。日常生活中，当你临时要记一些短句或者是自己在看书的过程中，有一些经典的句子想誊抄下来，但是身边没有笔，这时候可以直接使用记忆宫殿储存下来。

记忆短句，建议是以理解为主，因为信息量不是特别大，理解起来相对会比较轻松。以理解为中心，再去进行记忆就会简单很多。

1. 短句记忆

我们来记忆尼采说的十句鼓舞人心的名言。

每一个不曾起舞的日子，都是对生命的辜负。

这里主要的关键词是起舞，将时间的利用比喻成了起舞，浪费了时间就是辜负了生命。

联想记忆：一个人翩翩起舞突然停止下来（每一个不曾起舞的日子），然后永久地死去了（都是对生命的辜负）。

我感到难过，不是因为你欺骗了我，而是因为我再也不能相信你了。

联想记忆：你在哭（我感到难过），因为被劈腿了（不是因为你欺骗了我），直接删除了对方好友（而是因为我再也不能相信你了）。

一个人知道自己为什么而活，就可以忍受任何一种生活。

联想记忆：勾践在吴国（一个人知道自己为什么而活），卧薪尝胆（就可以忍受任何一种生活）。

那些不能杀死我们的，使我们更强大。

联想记忆：病毒击败不了我们（那些不能杀死我们的），让我们更加强大团结（使我们更强大）。

那些听不见音乐的人认为那些跳舞的人疯了。

联想记忆：一些人戴着耳机在街边跳舞，旁边的人用异样的目光看着他们（那些听不见音乐的人认为那些跳舞的人疯了）。

其实人跟树是一样的，越是向往高处的阳光，它的根就越要伸向黑暗的地底。

联想记忆：一个人变成了树（其实人跟树是一样的），头顶开出了向日葵（越是向往高处的阳光），脚底长出树根向地底深处蔓延（它的根就越要伸向黑暗的地底）。

人的精神有三种境界：骆驼、狮子和婴儿。第一境界骆驼，忍辱负重，被动地听命于别人或命运的安排；第二境界狮子，把被动变成主动，由"你应该"到"我要"，一切由我主动争取，主动负起人生责任；第三境界婴儿，这是一种"我是"的状态，活在当下，享受现在的一切。

联想记忆：这句话内容比较多，但是内容的结构性比较强，将人的精神对应了骆驼、狮子、婴儿，那我们只需要理解其含义，再将这三个动物记住即可，骆驼踢狮子，狮子咬住婴儿。

再将细节补充完整。马戏团里，骆驼身负重担，被人牵着（忍辱负重，被动地听命于别人或命运的安排）。狮子不等投喂，直接去咬住婴儿（把被动变成主动，由"你应该"到"我要"）。婴儿不受影响，依旧吃奶（这是一种"我是"的状态，活在当下，享受现在的一切）。

与怪物战斗的人，应当小心自己不要成为怪物。当你远远凝视深渊时，深渊也在凝视你。

联想记忆：勇士去深渊战胜了恶龙，但是没有再回来。过了一段时间，又一条新的恶龙从深渊飞了出来……

白昼的光，如何能够了解夜晚黑暗的深度呢？

联想记忆：月光是太阳光的反射（白昼的光），月光无法照射进太黑的地方（如何能够了解夜晚黑暗的深度呢）。

一切美好的事物都是曲折地接近自己的目标，一切笔直都是骗人的，所有真理都是弯曲的，时间本身就是一个圆圈。

关键词：曲折、时间、圆圈。

联想记忆：一条五彩斑斓的大蛇正曲折地滑行着接近自己的目标（一切美好的事物都是曲折地接近自己的目标），咬到了一个笔直的假人（一切笔直都是骗人的）。假人身上扎着很多弯曲的针（所有真理都是弯曲的），针上挂着一个时钟，时钟是圆形的（时间本身就是一个圆圈）。

2. 记忆宫殿储存

处理完成，尝试回忆这十句话。或许你会发现，如果是看着故事或原文的一部分，能很快还原出原文，但是如果让你从第一条回忆到最后一条，还是有些困难的。因为大脑里缺少了回忆线索，所以可以结合记忆宫殿进行储存。

在使用记忆宫殿之前需要对地点桩非常熟悉。先记忆下面的地点桩再进行记忆。

厨房：1.水池；2.窗户；3.切菜板；4.榨汁机；5.柜子；6.吸油烟机；7.锅；8.水果；9.烤箱；10.地板。

这时候的定桩记忆很容易，我们直接把短句联想出来的图像放置于地点桩上即可。联想的画面需要根据地点桩调整大小。

一个人在水池中翩翩起舞，突然停下来（每一个不曾起舞的日子），然后永久地死去了（都是对生命的辜负）。

你在窗户外哭泣，（我感到难过），因为被劈腿了（不是因为你欺骗了我），直接删除了对方好友（而是因为我再也不能相信你了）。

勾践在切菜，卧薪尝胆（一个人知道自己为什么而活，就可以忍受任何一种生活）。

榨汁机里榨的是病毒，病毒击败不了我们（那些不能杀死我们的），让我们更加强大团结（使我们更强大）。

柜子里有很多小人戴着耳机跳舞，旁边人用异样的目光看着他们（那些听不见音乐的人认为那些跳舞的人疯了）。

吸油烟机上，一个人变成了树（其实人跟树是一样的），头顶开出了向日葵（越是向往高处的阳光），脚底长出树根向地底深处蔓延（它的根就越要伸向黑暗的地底）。

锅前面一只骆驼踢狮子，狮子咬住婴儿。具体联想细节看前文。

水果变成了一只恶龙，和勇士大战。

烤箱里烤着月亮，并且发出微弱的光。

地板上有条蛇，咬住了假人。

定桩记忆完成，尝试回忆一下。用记忆法快速记忆短句，用宫殿储存并提供回忆线索。

如果把记忆系统比作一台电脑，那么记忆法便是CPU，提供了编码运算的能力。记忆宫殿是外接硬盘，增加了可以储存信息的空间。而我们的身体则是电源，好的身体才是关键，源源不断为大脑提供能量。

第二节 简答题记忆法

简答题无疑是考试中的常客，而且分值比重高，但是记忆量着实让人头疼。所幸的是，简答题答案比较明确，主要考察的是测试者对于概念等知识的掌握程度，我们只要牢牢记住答案即可。

1. 代替法记忆简答题

为什么要把权力关进制度的笼子？

必要性：权力是把双刃剑，运用得好，可以造福于民；如果被滥用，则会滋生腐败，贻害无穷。必须加强对权力运行的制约和监督，让人民监督权力，让权力在阳光下运行，把权力关进制度的笼子。

重要性：规范国家权力运行以保障公民权利，这是宪法的核心价值追求；只有依法规范权力运行，才能保证人民赋予的权力始终用来为人民谋利益。

这段内容主要讲的是宪法规范权力的必要性和重要性。

由权力联想到拳击手。拳头非常有力，力量是把双刃剑（权力是把双刃剑），可以种田（运用得好，可以造福于民），可以打人。强者欺压弱者（如果被滥用，则会滋生腐败，贻害无穷）。拳击手比赛会戴拳击手套（必须加强对权力运行的制约），还会有裁判在旁监督（和监督），场下的观众也在监督（让人民监督权力），让拳击手正大光明地打拳（让权力在阳光下运行），并且拳击手会在一个类似笼子的场地上比拼（把权力关进制度的笼子）。

戴拳套（规范国家权力运行）也是为了保障拳击手的身体健康（以保障公民权利），这也是拳套的核心作用（这是宪法的核心价值追求）。打拳的时候也要依法规范打拳，不能打后脑，不能打裆部等（只有依法规范权力运行），这样才能保证人民赋予的权力（拳击场可以打架，正常社会不能打架，这个场所是人民赋予的权力）不被滥用，为人民带来好看的拳击赛事（始终用来为人民谋利益）。

2. 类比记忆法

新发展理念：

创新是引领发展的第一动力；协调是持续健康发展的内在要求；绿色是永续发展的必要条件；开放是国家繁荣发展的必由之路；共享是中国特色社会主义的本质要求。

这段信息内有"共享"二字，所以我们可以联想到共享单车。有主体了再进行记忆。记忆框架是先记忆一级分支：创新、协调、绿色、开放、共享。

由共享单车发展到共享电动车，这就是一种"创新"。单车有脚撑，脚撑是用来"协调"平衡的。骑单车是"绿色"出行；骑在"开放"的马路上，"共享"单车。

再记忆后面的内容就容易很多。

创新的电动车由电池驱动。电池代表动力，电池质量不好会引发（引领发展）火灾。

协调的脚撑是车子保持站立（持续健康发展）的重要组件（内在要求）。

绿色的植被可以光合作用，光合作用是永续发展的必要条件。

开放的道路，就像"一带一路"，是繁荣发展之路。

共享单车具有中国特色。骑单车的本质要求是提高出行效率。

3. 关键词记忆法

金融市场的特点：

商品的特殊性；金融市场具有价格的一致性；交易活动的集中性和交易场所的非固定性；金融市场是一个自由竞争市场；金融市场的非物质化；金融市场交易之间不是单纯的买卖关系，更主要的是借贷关系，体现了资金所有权和使用权相分离的原则；现代金融市场是信息市场；交易主体的可变性。

之前我们用类比法记忆过这道题，现在我们用关键词法重新试试。先读两遍，熟读和尝试理解里面的内容。什么是金融市场？金融市场有哪些特点？带着问题去看书。

然后对信息进行压缩：

1.商特；2.价一；3.活集，场非；4.自竞；5.非物质化；6.买借，所使，分离；7.现代信息；8.主变。

关键词的提取根据每个人的关注点都会有些不同，一般对信息理解程度越高，给你提供回忆线索所需的关键词就越少，所以我们也可以自我检测，把提取的关键词单独写出来，然后看着关键词尝试复述原文。能回忆起来，那么提取的关键词就没有问题了，如果不行，那就重新提取，直至能还原为止。

关键词没有问题之后，相比之前，记忆量减少了很多。我们用上一些编故事的技巧记忆即可。

参考：金店（金融市场）里有特别贵（商品特殊性）的嫁衣（价格一致性）。嫁衣穿在火鸡（活动集中性）身上，火鸡又长又肥（场所非固定性）。火鸡咬舌自尽（自由竞争），直接变成了灰（非物质化）。灰烬里埋了戒指（买卖关系，借贷关系），戒指飞起来把锁和钥匙分离了（所有权和使用权相分离）。这么神奇，打电话（现代信息）给电视台主编（主体可变性）。

记忆完成后的第一次复习非常重要，这时的记忆新鲜度和回忆效果最好。回忆流程是，纵向地回忆关键词，横向地还原全文。

4. 记忆宫殿定桩法

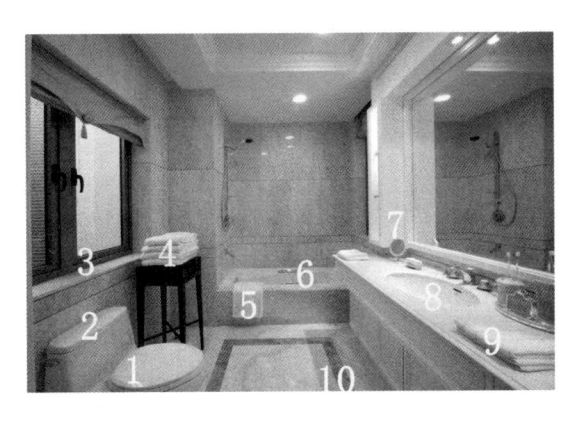

卫生间：1.马桶盖；2.马桶水槽；3.窗户；4.毛巾架；5.浴巾；6.浴缸；7.镜子；8.洗手池；9.毛巾；10.地板。

用这个房间中的十个地点桩来记忆"管理的内容"。

地点桩	记忆内容	说明
马桶盖	管理主体：管理者	马桶盖上坐着卫生间管理者，手里拿着猪蹄（管理主体）
马桶水槽	管理客体：管理对象，包括人力、物力、财力、时间、信息、技术和商誉等	马桶水槽上坐着一个客人（管理客体），客人拉着他的对象（管理对象），对象浑身肌肉（人力），脖子上挂满金项链（物力、财力），拿起一个手机（时间、信息）击伤（技术、商誉）了客人
窗户	管理职能或管理功能。一般来讲，有四大职能：计划、组织、领导和控制；五大职能：四大职能加上创新	一位职工（管理职能或管理功能）在擦玻璃，外面有一个飞机机组（计划、组织）驾驶飞机从窗户外的领空（领导、控制）撞击窗户。窗户是高科技防飞机玻璃（创新）
毛巾架	管理目标	毛巾架上挂着一个靶子（管理目标）
浴巾	管理媒介，主要指管理机制与方法	浴巾上坐着一位美丽的姐姐（媒介），在练习记忆法（机制与方法）
浴缸	管理的本质：协调	浴缸里有很多本子（本质），本子里的内容是琴谱（管理的本质是协调）
镜子	管理的核心：处理好人际关系	镜子上挂着一颗大钻戒（核心），钻戒可以用来求婚（处理好人际关系）
洗手池	管理的载体：组织	洗手池里有水，水能载舟，亦能覆舟（载体）。水面漂着很多人体组织（组织）
毛巾	管理环境	毛巾上全是污垢，环境很差（管理环境）
地板	管理系统	地板上有台电脑（管理系统）

第三节　表格记忆法

表格其实是经过整理的信息，无论你是自己做笔记整理成表格，还是拿到老师整理的现成表格，其本质都是将相同属性的信息放在一个纵列或是横行里。由于其特殊的构造，我们难以像平时背书一样从左背到右顺着背诵，记忆难度大。接下来我会通过一些记忆方法来提高大家记忆表格的能力。

1. 符号型表格

我们先看一种纯符号型的表格——视力表。

背诵视力表是一种不太常见的"才艺"，它看起来很酷，但其实并不是什么高难度的操作。初看起来，视力表让人眼花缭乱，但仔细分析，其中都是 E 的变形，只是开口方向随机性特别强。不同厂家生产的不同型号的视力表内容都不同。所以我们需要的是通用的记忆方法。

根据 E 的开口方向，视力表中只有四种符号。有规律的信息就是好记的。但是这些符号怎么记？如果直接记忆上下左右，会很容易混乱，而且不容易记住。所以我们需要处理下信息，将这些难记的变为好记的。如下图所示：

ш　m　ɜ　E
1　　2　　3　　4

中间有一根向上的竖记为 1，底下有两个山洞的记为 2，看起来像 3 的就记为 3，和 3 相反就是 4。

我们对抽象的信息进行了数字化。数字化之后，这个视力表便成为一个数字表格。利用数字编码来进行记忆就会轻松很多。我们先看一下这个表。

标准对数视力表

4.0 ... 0.1	第一行对应的是 4
4.1 ... 0.12	第二行对应的是 31
4.2 ... 0.15	第三行对应的是 42
4.3 ... 0.2	第四行对应的是 314
4.4 ... 0.25	第五行对应的是 423
4.5 ... 0.3	第六行对应的是 2424
4.6 ... 0.4	第七行对应的是 4132
4.7 ... 0.5	第八行对应的是 24214
4.8 ... 0.6	第九行对应的是 314323
4.9 ... 0.8	第十行对应的是 2431321
5.0 ... 1.0	第十一行对应的是 13242142
5.1 ... 1.2	第十二行对应的是 41321431
5.2 ... 1.5	第十三行对应的是 23413124
5.3 ... 2.0	第十四行对应的是 32321431

复习一下我们的数字编码。由于这里只出现 1、2、3、4 四种数字，所以理论上只需要复习 16 个数字编码。

第一行是 4，不用记忆方法也可以记住，或者串联下第一行的"1"，用谐音钥匙（14）来记忆。并不是所有的内容都要用记忆法来记的，记忆法是为了帮助你减轻记忆压力，提升记忆牢固度。说得简单点就是把难记的变为好记的。如果本来就好记，再用记忆法就显得非常多余。

第二行对应的是 31。这里可以看到规律，321 少了一个 2，正好是第二行。

第三行对应的是 42。和上面一样，432 少了一个 3，正好是第三行。

第四行对应的是 314。同样的规律面对随机的信息就不好用了，这里可以用故事法，314 谐音鲨鱼死了，正好对应第四行。

第五行对应的是 423。还是用故事法，第 5 行，5 根手指把柿儿（42）捏散（3）了。

第六行对应的是 2424。第六行的 6 像哨子一样，24 是闹钟，闹钟响了就会发出哨子的声音。

第七行对应的是 4132。7 谐音吃，司仪（41）扇着扇儿（32）在吃饭。

第八行对应的是 24214。8 对应爸爸，爸爸从闹钟（24）里面拿出两把钥匙（214）。

第九行对应的是 314323。9 谐音酒，鲨鱼（31）喝完酒之后撕碎了扇儿（432），碎成了三段（3）。

第十行对应的是 2431321。石头（10）做的两个石山（243）压散（13）了鳄鱼（21），把鳄鱼压散架了。

后面的几行，因为信息量比较大，就需要大量使用我们的编码了。比如第 11 行，13242142，一个医生拿着闹钟骑在鳄鱼身上，鳄鱼咬着柿儿。

最后的几行当作作业，请大家自己尝试一下记忆。当然你也有可能会发现规律，第十二行和第十四行都是 1431，那么你只要记住这个规律再记忆其中一个即可。

记忆的过程中，尽量要有图像。比如第八行，你要能够想象出你的爸爸手里真的拿着一个闹钟，然后从里面抽出两把钥匙，这样记忆效果才好。

然后进行自我检测。从第一行开始一直到最后一行。回忆有时比记更加重要，你只有记住才能回忆起来。如果想拥有一个比较好的记忆系统，我们需要针对遗忘的内容，找出核心的原因，再加以解决。

转换下思维，将难记的抽象符号处理成数字或熟悉的信息，再去记忆就会容易很多。

2. 文字类表格

上面是符号类型信息的表格，接下来我们看一下全是文字的表格。

环境类别	名称	劣化机理
I	一般环境	正常大气作用引起钢筋锈蚀
II	冻融环境	反复冻融导致混凝土损伤
III	海洋氯化物环境	氯盐引起钢筋锈蚀
IV	除冰盐等其他氯化物环境	氯盐引起钢筋锈蚀
V	化学腐蚀环境	硫酸盐等化学物质对混凝土的腐蚀

环境类别是 I～V，这是按顺序的，不需要记忆，只需依次记忆后面的内容。

纵向地记忆"名称"这一栏。普通的混凝土地面上（一般环境），有一个冰块（冻融环境）。冰块是海水冻结的（海洋氯化物环境），撒上除冰盐使其融化（除冰盐等其他氯化物环境）。融化后的液体腐蚀了地面（化学腐蚀环境）。

这时我们就有一条稳定的记忆树干，后面的内容再从这条树干往外扩散。

劣化机理：普通的混凝土地面被风雨侵蚀，露出里面的钢筋（正常大气作用引起钢筋锈蚀）。冰块把混凝土冻坏（反复冻融导致混凝土损伤）。第III、第IV都是"氯盐引起钢筋锈蚀"，和第I条钢筋锈蚀重复，所以大多不用记忆。刻意记忆下氯盐，海水里氯化钠的含量最高。第V条，硫酸盐在海水里的含量是10.8%。混凝土的腐蚀和第II条混凝土损伤类似，所以也不用刻意记忆。第I、第III、第IV条是钢筋锈蚀，第II、第V条是混凝土损伤和腐蚀。

记忆表格类的信息时，我们可以先纵向地串联组成一个树干，再依据这个树干横向地将其余的信息串联起来，组成一棵非常牢固的记忆之树。由一个点可以发散衍生出全部的内容。

3. 文字、数字表格

最后再看一个比较复杂的表格。这个表格中有文字和数字的组合，而且信息量比较大。记忆之前多阅读几遍。

不同耐火等级建筑相应构件的燃烧性能和耐火极限

构件名称		耐火等级			
		一级	二级	三级	四级
墙	防火墙	不燃性 3.00	不燃性 3.00	不燃性 3.00	不燃性 3.00
	承重墙	不燃性 3.00	不燃性 2.50	不燃性 2.00	难燃性 0.50
	非承重外墙	不燃性 1.00	不燃性 1.00	不燃性 0.50	可燃性
	楼梯间和前室的墙、电梯井的墙、住宅建筑单元之间的墙和分户墙	不燃性 2.00	不燃性 2.00	不燃性 1.50	难燃性 0.50
	疏散走道两侧的隔墙	不燃性 1.00	不燃性 1.00	不燃性 0.50	难燃性 0.25
	房间隔墙	不燃性 0.75	不燃性 0.50	难燃性 0.50	难燃性 0.25
柱		不燃性 3.00	不燃性 2.50	不燃性 2.00	难燃性 0.50
梁		不燃性 2.00	不燃性 1.50	不燃性 1.00	难燃性 0.50
楼板		不燃性 1.50	不燃性 1.00	不燃性 0.50	可燃性
屋顶承重构件		不燃性 1.50	不燃性 1.00	可燃性 0.50	可燃性

续表

构件名称	耐火等级			
	一级	二级	三级	四级
疏散楼梯	不燃性 1.50	不燃性 1.00	不燃性 0.50	可燃性
吊顶（包括吊顶搁栅）	不燃性 0.25	难燃性 0.25	难燃性 0.15	可燃性

我们在记忆之前要了解一些学习上的基本常识。并不是所有信息都要记，有些内容考试根本不会考，你还花时间去背、去复习，浪费时间、浪费精力，所以要根据经验取舍。而对于不知道要不要考的内容，我们就都背下来。

先从表格本身出发，了解下表格的架构。

纵向：墙、柱、梁、楼板、屋顶承重构件、疏散楼梯、吊顶。

横向：一级、二级、三级、四级。

我们先尝试记一下纵列的。墙的内容比较多。我们使用串联法建立树干，先记住第一列。火烧（防火墙）在承重墙上，墙被烧得往外倒塌了（非承重外墙），砸到了电梯（电梯井的墙，这里电梯总代理这一行）。电梯里面的人疏散到走道两侧（疏散走道两侧的隔墙），电梯里面放出很多鸽子（房隔，房间隔墙）。记住脑海中要有画面，这些都是回忆点。

一只鸽子顺着柱子（柱）从下往上飞，撞到了大梁（梁），最后拍在了楼板上（这里可以夸张点，鸽子飞行力量太大都拍扁了），血液内脏四溅，全是污垢（屋构，屋顶承重构件）。剩下的鸽子被吓得从楼梯飞走了（疏散楼梯），只剩下这只鸽子吊在顶上（吊顶）。

建议先暂停，回忆一下。这个故事很有画面感，也具有一定的逻辑。有绘画能力的可以将这个故事画出来，再根据自己的回忆查缺补漏。

纵向内容记忆完之后我们再看横向的文字和数据。先从文字开始，主要有三个类型，不燃性、难燃性和可燃性。我们会发现，基本都是不燃性，所以不燃性不记，只需要注意下难燃性和可燃性就可以了。因为不燃性重复次数足够多，在记忆过程中会得到不断复习，最容易达到长期记忆。

再找一下其余的规律。难燃性和可燃性基本都在第四级，所以可以稍后处理。数字里也有规律，从第一级到第四级，数据逐渐变小（或保持不变）。根据这个规律来记忆就容易了。

数据的类型只有几种：3.00、2.50、2.00、1.50、1.00、0.75、0.5、0.25。

我们可以提前对这些数字进行编码：

3.00——三

2.50——大狗哈士奇（二呜二呜地叫）

2.00——二

1.50——鸟（15谐音鹦鹉。此表格没有出现二位数，所以可以替代）

1.00——一

0.75——七（信息里唯一一个和7相关的）

0.50——手（五个圆圆的手指头）

0.25——小狗泰迪（和2.5一样，但要区分开来）

然后我们可以根据编码法对难燃性和可燃性进行单独处理。难燃性、可燃性与数字的组合共有四种情况。

可燃性——零（可燃性后面没有数字，可以想成0h就烧着了。唯一的例外是屋顶承重构件的第三级，可燃性后的数字是0.50。）

难燃性之后的数字有三种情况：0.5、0.25、0.15。我们用这些数字乘10之后的得数的编码来替代这三种情况。

难燃性0.5——五

难燃性0.25——大狗哈士奇

难燃性0.15——鸟

万事俱备，接下来只需将横向的内容和纵向的内容串联起来。

防火墙：火是闪闪发亮的。

承重墙：承重墙下三头狗在拉二胡。

非承重外墙：墙倒了，掉下来一亿个手令。

电梯井的墙：电梯有双胞胎把鸟嘴捂住了。

疏散走道两侧的隔墙：疏散出来有一亿只手的一只大狗。

房间隔墙：房间里骑手骑着五条大狗。

柱：柱子和承重墙一样，可以不用记，但是要加一个联系点，不然容易遗忘这个逻辑。柱子和承重墙一样支撑着楼房。

梁：梁上还有两只鸟，都是鹦鹉。

楼板：飞上楼板的鸟拿着手令。

屋顶承重构件：污垢上的鸟也拿着一个手令，但是这个手令是着火的。

疏散楼梯：和楼板一样，也比较好记。疏散出去的鸟手上都有一个手令。

吊顶：小狗和大狗在底下看着吊在顶上的鸟，瞪大了眼睛。

大家尝试回忆一遍。回忆的流程是先纵向回忆建筑构件，再横向回忆出详细信息。纵向串联，横向回忆，完成表格记忆。

最后一步还是查缺补漏，完善细节。

比如楼梯间和前室的墙、电梯井的墙、住宅建筑单元之间的墙和分户墙这一长段中，我们只记了电梯井，其余的还没记，那么加上点联想就可以了。楼前（楼梯间和前室）煮蛋（住宅建筑单元之间），电梯里分（分户墙）。

最后，吊顶和吊顶搁栅想象成，吊顶上还有个扇子（搁栅）。

这个表格的记忆难度主要在信息的混乱，数字和词汇的组合出现在一起，但是只要有技巧，你就可以很快地记忆完成。这种方法基本可以应对所有表格类信息的记忆。

还有一点值得注意，不是所有的内容都需要记忆，一般来说只记忆表格中的重点内容即可。我们这里是为了呈现记忆法，所以才完整记忆，读者要根据实际情况运用方法。

第四节 选择题记忆法

选择题频繁出现在考试中。目前很多资格证书的考试是以机试为主，电脑打分，所以很难出一些主观的题目，单选题、多选题成为主要题型。单选题是一对一，一个问题对应一个标准答案；多选题是一对多，一个问题对应很多个答案。一对多的题型类似于简答题，大家可以对照前面章节的简答题记忆法来记忆。接下来主要讲解单选题的记忆方法。

1. 关键词串联

将标题和答案进行串联绑定，建立一个联系，在大脑里留下印象，这样在答题的时候，看到问题就能想到答案。

儿童"多动症"的核心特征是（　C　）。

A. 活动过多

B. 冲动任性

C. 注意障碍

D. 学习困难

记忆：很多路障在动。路障代表障碍，动代表多动。串联可以不根据原文意思进行联想，但是串联的关键词一定要是独特的，是其他选项没有的。

2. 关键字串联

这比关键词的串联还要直接：从问题里提取一个字，再从答案里提取一个字就可以了。

课程是"组织起来的教育内容"。最早提出这一观点的是（　A　）。

A. 斯宾塞

B. 布鲁纳

C. 赫尔巴特

D. 夸美纽斯

记忆："组斯"，读起来像"祖祠"，即祖宗的寺庙。这种联想已经脱离了题目本身，仅是通过一种粗浅的印象达到快速记忆的目的。

3. 理解记忆

学校利用板报、橱窗、走廊、墙壁、雕塑、地面、建筑物等媒介，旨在体现教育理念，实现育人功能。在课程分类中，这属于（ D ）。

A. 学科课程

B. 活动课程

C. 显性课程

D. 隐形课程

记忆：隐形课程一般是指没有计划的、不明确的课程。学校建筑、教室布置和学校环境是一种物质文化的影响，旨在潜移默化地教育学生，明显属于隐形课程。对于这类"答案隐藏在题目中"的单选题，最好的记忆方法就是理解题目的意义。

4. 找逻辑

学生的学习是基于自己的经验，主动接受新的信息，并对其意义进行重构的过程，这一观点属于（ B ）。

A. 有意义接受学习理论

B. 建构主义学习理论

C. 信息加工学习理论

D. 联结主义学习理论

记忆："重构"和"建构"都有构字，根据这一逻辑巧合进行记忆即可。

第五节 公式记忆法

接下来我会讲解一些常见类型公式的记忆方法。

1. 数学公式

$$(a+b)^2=a^2+2ab+b^2$$

这种公式的推导记忆非常简单，简单计算一下就可以。

$$(a+b)^2=(a+b)(a+b)=a^2+ab+ab+b^2=a^2+2ab+b^2$$

也可以把它变成一个具体的图像，再进行推导。

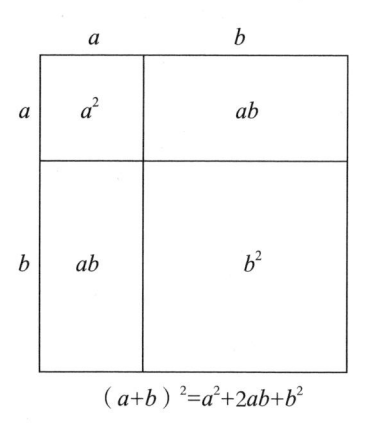

	a	b
a	a^2	ab
b	ab	b^2

$(a+b)^2=a^2+2ab+b^2$

绘制一个正方形，边长为 $(a+b)$，这样就会发现变成了 4 个部分，分别是 a^2 的正方形、b^2 的正方形、ab 的长方形、ba 的长方形。加在一起便是 $a^2+2ab+b^2$。实际这就是一个正方形的面积公式。

按照此法，大家可以尝试记忆下面的公式。

$$(a-b)^2=a^2-2ab+b^2$$

如果单纯用记忆法去记忆数学公式，这个过程会很有趣。

$$\tan(A+B)=\frac{\tan A+\tan B}{1-\tan A\tan B}$$

tan 谐音探戈。A 和 B 在一起跳探戈，它们两个（tanA+tanB）在一把剪刀

(1-)上跳舞。后面的 × 也像一把剪刀（$\tan A \times \tan B$）。

2. 化学公式

"法老之蛇"是一种有名的膨胀化学反应，反应过程非常震撼，就像一条巨蛇凭空生成。原版实验为硫氰化汞受热分解❶，方程式：

$$4Hg(SCN)_2 = 4HgS + 2CS_2 + 3(CN)_2 \uparrow + N_2 \uparrow$$

根据价位，汞（Hg）是 +2 价，硫（S）是 –2 价，碳（C）是 +4 价，氮（N）是 –3 价。在这种反应中，价位会产生变化。碳的价位是固定的 +4，氮气的产生使生成物整体价位提高 6，而每一个氰气[（CN）₂]的产生会使生成物的价位降低 2。利用配平原理，得出最终公式。

理解记忆会更加深刻，这时也可以加上点记忆法，记住化合物，方便回忆。

参考：猴哥（Hg）是守财奴（SCN），在花果山（HgS）超市（CS）吹牛（CN），把牛都吹上天了（$N_2 \uparrow$）。

再来看一个化学公式：

$$2Na + 2H_2O = 2NaOH + H_2 \uparrow$$

钠加水会产生剧烈反应，生成氢氧化钠和氢气。

参考：2 个人拿（2Na）着 2 瓶水（$2H_2O$），等了一会儿（=）。两个人（2）一口气喝了（OH，O 是口，H 是喝）所有的水，喝完后瓶子变得很轻（H_2）。

3. 物理公式

$$F = G\frac{Mm}{r^2}$$

式中：F——引力；G——引力常量；Mm——两个物体质量的乘积；r——

---

❶ 该实验生成的氰化物有剧毒，实验应在通风橱中进行。改良版本的"法老之蛇"实验中，将剧毒物质硫氰化汞改为了白糖、小苏打和酒精，但仍具有一定的危险性，未成年人不应在缺乏监护的情况下做任何尝试。

距离。

万有引力是由于物体具有质量而在物体之间产生的一种相互作用。它的大小与物体的质量（M）以及两个物体之间的距离（r）有关。物体质量越大，它们之间的引力就越大；物体之间距离越远，它们之间的引力就越小。理解之后，这个公式自然就记住了。

生活中的万有引力几乎可以忽略不计，但是往太空中看去，地球的质量很大，对应的引力就很大了，可以把月球、卫星、大气等吸引在其周围而不逃脱。

记忆公式案例

$$W=UIt$$

电功（消耗的电能）= 电压 × 电流 × 通电时间

可以这样快速记忆：我（W）有（U）一台(It)电脑（IT行业需要电脑），耗电量很大。

4. 经济学公式

营业利润 = 营业收入 − 营业成本 − 营业税金及附加 − 销售费用 − 管理费用 − 财务费用 − 资产减值损失 + 公允价值变动收益 + 投资收益

记忆经济学的内容时可以找一些具体的事件来帮助理解，比如开超市会有营业利润。

超市卖东西的利润 = 卖货收入 − 买货的成本 − 消费税 − 业务员工资 − 主管工资 − 会计工资 − 设备损耗 + 买的大米升值了（公允价值变动收益）+ 余额宝收入（投资收益）

利润总额 = 营业利润 + 营业外收入 − 营业外支出

用最近很火热的直播来理解这一公式。

直播利润 = 卖货收入 + 打赏收入 − 罚款

净利润 = 利润总额 − 所得税费用

直播最后拿到手的钱 = 直播利润 − 所得税

第六节　单词记忆法

记忆法的法则是将难记的变为容易记的,因此单词记忆时也要把难记的单词变为容易记的信息。在单词中容易记忆的信息有:熟悉的单词、字母的拼音、奇怪的形状、有趣的读音等。

熟词记忆：catcall 喝倒彩

猫（cat）在喊叫（call），就是对你喝倒彩。

拼音法：guide 导游

找好的导游旅游是很贵（gui）的（de）。

拼音法：change 改变

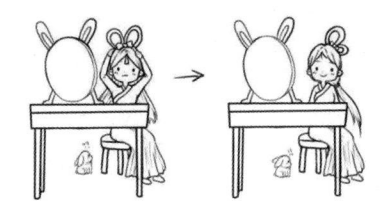

嫦娥（change）改变了发型。

拼音法：machine 机器

机器马（ma）要吃（chi）什么呢（ne）？

首字母拼音：dirty 脏的

敌人（dir）的汤圆（ty）是脏的。

对比记忆：widow 寡妇和 window 窗户

寡妇（widow）擦去了窗户（window）上的泥（n）巴。

编码法：pilot 飞行员

飞行员一屁股（pi）坐在石头（lot）上。

多种组合：memory 记忆

我（me）摸（mo）人鱼（ry），记忆力大增。

利用记忆法记忆单词的核心原理是"用已知记忆未知"。无论是谐音、拼音，还是找熟悉的单词，或者是根据逻辑找到词根词缀，基本都是将单词拆分成已知的单元，然后加上自己的联想，最后把它们组合在一起。所以记忆单词一般使用故事法，将这些单元组合起来（拆分＋联想＋组合）。正是因为这样的机制，可以利用输入法进行快速编码，比如把 language（语言）输入输入法，就会得到"南瓜哥"。知道方法和思路之后，整体的逻辑框架就已经建立，再去记忆便会如鱼得水。

第七章

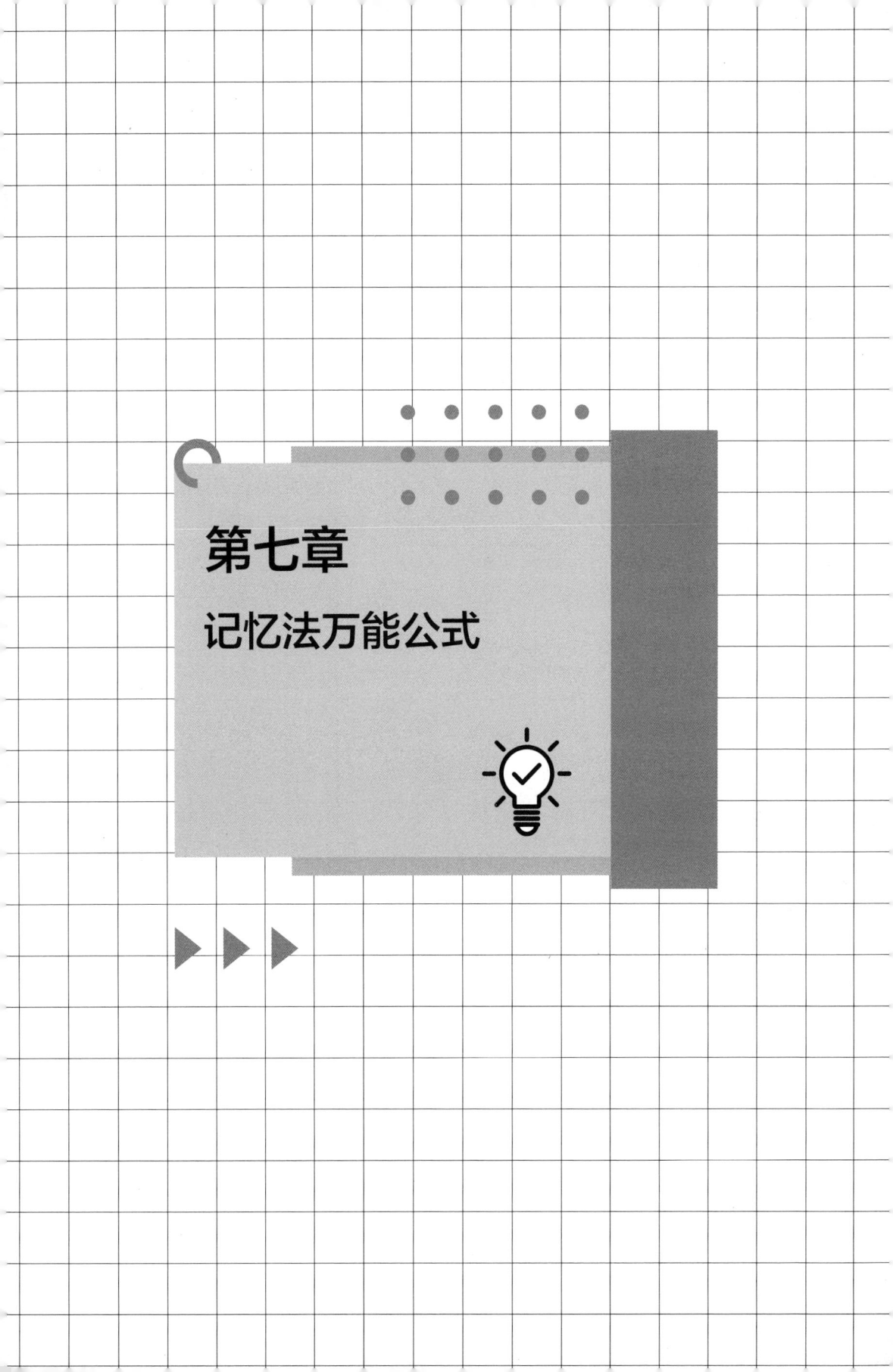

记忆法万能公式

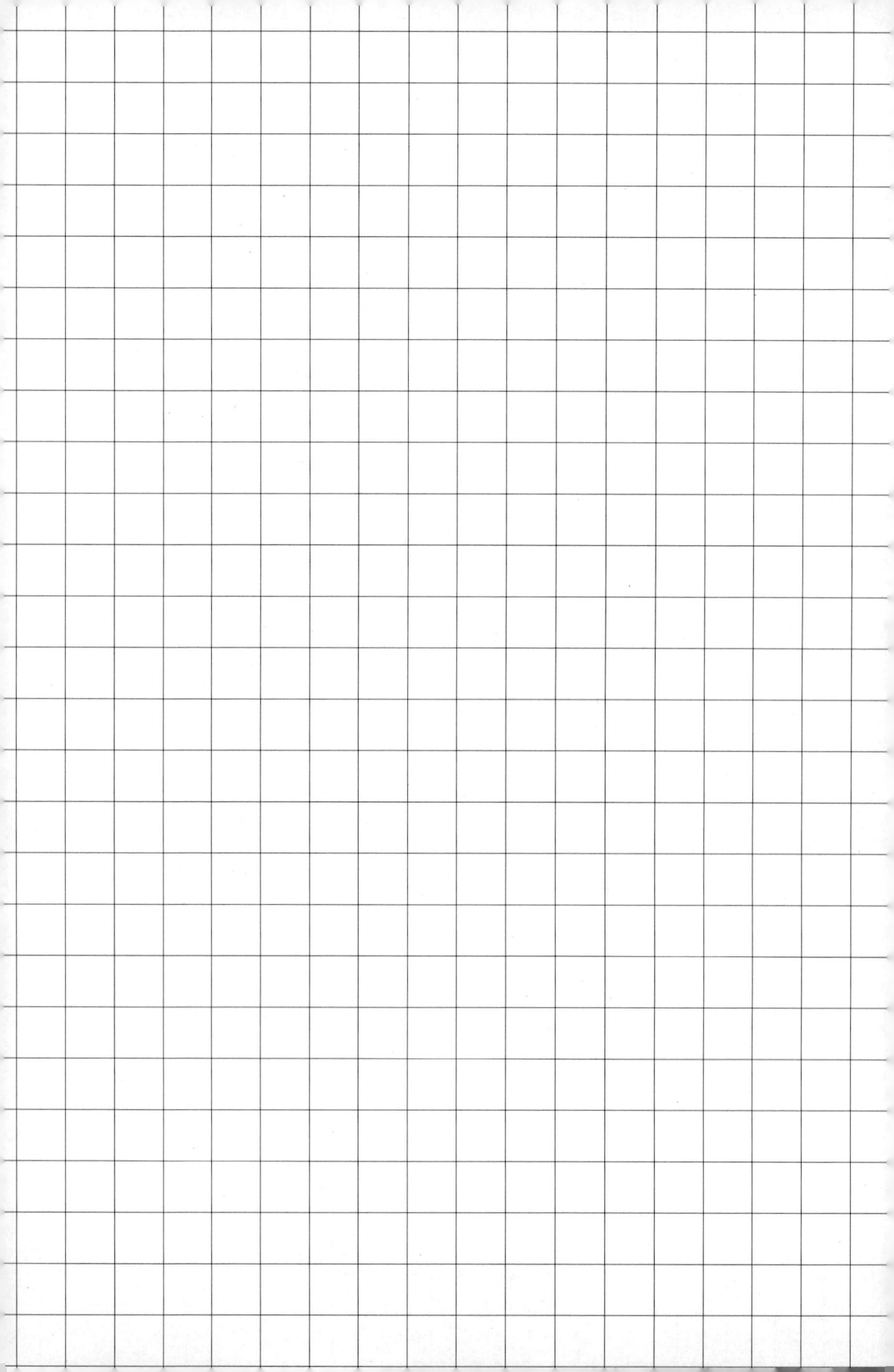

第一节 M（memory 记忆）

在语文课堂上，老师一定跟大家讲过记叙文的六要素：时间、地点、人物、起因、经过、结果。如果大家能够在写记叙文的过程中完整描述这六点，就能把一件事说清楚。这就相当于记叙文的写作公式。而对于记忆来说，也有这样的要素和公式，它们就是人物、动作、物体、场景和逻辑。这两个公式的共同点就在于，目的都是描述一个故事。

合理利用这个核心目的，我们就能够做到"旧瓶装新酒"，用熟悉的事件作为线索，记忆新的知识。这种熟悉的事件可以是打游戏的过程，也可以是做饭的过程，还可以是根据知识点本身创造出来的一个有逻辑的事件。例如，我们可以使用这种公式来记忆一下鲁迅先生的 15 部作品。

《呐喊》《狂人日记》《孔乙己》《药》《明天》《一件小事》《头发的故事》《风波》《故乡》《阿Q正传》《端午节》《白光》《兔和猫》《鸭的喜剧》《社戏》

我们将这些作品分为时间、地点、人物、起因、经过、结果。

时间：《明天》《端午节》《白光》（通过白光想到白天）

地点：《故乡》《社戏》

人物：《狂人日记》《孔乙己》《阿Q正传》《兔和猫》《鸭的喜剧》

起因：《一件小事》《头发的故事》

经过：《风波》《呐喊》

结果：《药》

连在一起，就是这样一个故事：明天是端午节，白天，在故乡上演社戏的舞台上，阿Q将会发狂，呐喊着用兔和猫去砸孔乙己，这会成为鸭子们茶余饭后的一出喜剧。这一风波的起因是一件小事，和头发有关，并且让药的销量大涨。

通过回忆这个离奇的故事，想必你能一下子记住这 15 部作品。

再来锻炼一次：

《彷徨》《祝福》《在酒楼上》《幸福的家庭》《肥皂》《长明灯》《示众》《高老夫子》《孤独者》《伤逝》《弟兄》《离婚》

时间：《长明灯》（代表晚上，因为晚上要点灯）

地点：《在酒楼上》

人物：《高老夫子》《弟兄》

起因：《离婚》

经过：《幸福的家庭》《肥皂》《伤逝》《示众》

结果：《孤独者》《祝福》《彷徨》

编成故事就是：点起长明灯的晚上，在酒楼上，高老夫子将离婚这件事示众。弟兄刚用肥皂洗完手，就过来为一个幸福的家庭的逝去而悲伤。他们彼此祝福不再成为孤独者，不再彷徨。

一个有效的记忆公式能帮助你节省很多的时间。尝试多多练习，很快你就能得心应手。

第二节　P（people 人物）

人物是故事的推动者。在记忆法中，人物不仅可以成为故事的推动者，还可以成为线索（地点桩）。此处的人物不只是狭义的人，更是广义的拟人化的所有物品。我们在阅读文学作品和观看电视节目的过程中，会对一些人物产生深刻的印象。这些人物都可以成为记忆法的素材，成为地点桩，用于记忆知识点。例如，大家都很熟悉《西游记》中的师徒四人，按照辈分来排序，分别是唐僧、孙悟空、猪八戒和沙僧。我们可以用这四个人来记忆下面的这个知识点。

袁隆平所说的"知识、汗水、灵感、机遇"分别体现了什么哲学原理？

"知识"体现了理性认知；"汗水"体现了实践的重要性；"灵感"体现了认识活动的非理性因素；"机遇"体现了事物联系和发展过程中的偶然。

唐僧是非常有知识的，因此他理性地制定了去西天取经的目标；孙悟空打妖怪流了许多汗水，保护了唐僧，这正体现了他身体力行（实践）的重要性；猪八戒总是有分行李回高老庄的灵感，这是非理性的认知；沙僧知道只要在原地等孙悟空就能有机遇，从而救回师傅（把孙悟空和救师傅联系起来），避免散伙的偶然性。

在这次记忆实践中，用到的人物与记忆材料本身没有关系，但是我们可以人为地创造出关系，帮助我们记忆。在下面的这个案例中，我们可以从材料中找到人物，让人物成为记忆法的助手。

木兰诗（节选）

唧唧复唧唧，木兰当户织。不闻机杼声，唯闻女叹息。

问女何所思，问女何所忆。女亦无所思，女亦无所忆。

昨夜见军帖，可汗大点兵，军书十二卷，卷卷有爷名。

这段文字里的人物有：木兰、可汗、爷。《木兰诗》讲述的是花木兰替父从军的故事，我们通过朗读和理解，已经对这首乐府诗有了一定的熟悉程度。我们可以让诗中的人物更鲜活起来，想象故事的画面，并利用记忆法来巧记。

第一个人物是木兰。织布机发出唧唧、唧唧的声音（唧唧复唧唧），原来是木兰在对着门织布（木兰当户织）。织布的声音突然停止了（不闻机杼声），取而代之的是一声叹息（唯闻女叹息）。为什么木兰会叹息呢？

"问女何所思，问女何所忆。女亦无所思，女亦无所忆"用了复沓、对偶、设问三种修辞手法，读起来朗朗上口。运用记忆法的思维，我们只需要重点记忆"思"和"忆"。两个字连起来谐音41，而41的数字编码是司仪，我们可以想象木兰拿着司仪用的话筒，回答叹息的理由。

第二个人物是可汗。可汗昨天晚上下了军帖（昨夜见军帖），要征召百姓去当兵（可汗大点兵）。

第三个人物是爷。军帖的数量很多（军书十二卷），抱在怀里像婴儿一样（12的数字编码是婴儿），每一卷里面都有父亲的名字（卷卷有爷名）。

就这样，我们通过人物推动故事情节的发展，让整个故事跃然纸上。同时，我们在关键的地点运用记忆法（数字编码、关键词等），让记忆变得有的放矢，既能抓住重点，又不多费精力。

有时候，记忆的材料中没有直接给出人物，却隐藏了人物。来看下面这段材料：

会计信息质量要求主要包括可靠性、相关性、可理解性、可比性、实质重于形式、重要性、谨慎性和及时性等。

这段材料中似乎没有人物，但是"会计"很容易让我们联想到某一个会计，他可能是你公司中的那个小老头，也可能是你认识的一个小姑娘，还可能是你在影视作品中见到的某个从事会计工作的小伙子。你只需要找到这样的一位从事会计职业的人物，让他承担起推动故事发展的作用即可。找到具体的人物，这样后续的联想才有画面感。

参考：会计手里拿着手机（信息），是诺基亚牌的（质量）。这位会计是很可靠的（可靠性）。他相关的工作（相关性）是理解（可理解性）公司的财务业务，比较本公司和另一个公司的经营情况（可比性）。会计喜欢现金，不喜欢空头支票（实质重于形式）。会计对于公司很重要（重要性），所以要谨慎地对待他（谨慎性），并且及时满足他的要求（及时性）。

再来做一次练习。

班级管理的方法：

调查研究法，目标管理法，心理疏导法，情境感染法，规范制约法，行为训练法，舆论影响法。

这段材料中同样没有人物。但我们可以找到与班级有关的人物，比如：班主任。在脑中想象你印象最深的班主任的模样，让他作为故事的主角。

参考：班主任管理班级，先要调查班里哪些同学调皮捣蛋（调查研究法），找到那个孩子（目标管理法）。了解情况后，班主任晓之以理，动之以情（心理疏导法），把孩子感动哭了（情境感染法）。班主任和孩子约法三章（规范制约法），拉钩保证（行为训练法），并且发朋友圈留证（舆论影响法）。

第三节　A（action 动作）

我们无时无刻不在活动，走路也好，呼吸也好。在记忆法里，动作可以带入自我，让身体的更多器官加入记忆当中，从而更好地衔接信息。

1. 动作记忆案例

干粉灭火器使用方法具体步骤如下：

使用前要将瓶体颠倒几次，使筒内干粉松动；然后除掉铅封；拔掉保险销；左手握着喷管；右手提着提把；在距火焰两米的地方，右手用力压下压把，左手拿着喷管左右摇摆，喷射干粉覆盖燃烧区，直至把火全部扑灭。

人的动作：颠倒、除、拔、握、提、压、摇摆。

带入自己的动作，假想手里有一瓶灭火器，上下颠倒几下，再拽掉一个铅封，拔出那个有着圆环的保险销，最后左手握着管子，右手用力压下去，左右摇摆喷管，扑灭了一只着火的鸭子（距火焰两米）。

2. 身体动作

动作也可以应用到身体桩上。笔者对于身体桩的看法和使用方法和很多人不同。身体是我们非常熟悉的器官，如果只是单纯地将它作为一个物体使用就很浪费，所以我会加入动作，把自己带入整个联想过程中。举个例子：

高效能人士的 7 个习惯：

积极主动、以终为始、要事第一、双赢思维、知彼解己、统合综效、不断更新。

我们找身体的七个部位来记：眉毛、眼睛、耳朵、鼻子、牙齿、嘴唇、下巴。

眉毛往上挑动（积极主动）

眼睛一揉有眼屎（以终为始）

耳朵上面挂着一把钥匙（要事第一）

用力擤鼻子，两个鼻孔流出脑浆（双赢思维）

牙齿咬碎纸笔使其解体（知彼解己）

嘴巴喝一桶棕色的咖啡（统合综效）

下巴要不断地刮胡子（不断更新）

在联想的时候需要带入自己的动作。比如积极主动，自己的眉毛也要向上多挑动几下，感觉那种轻浮的感觉，然后"积极主动"就能很好地融入这段记忆当中了。

这样记忆的效果会比单纯地出图要高上很多。但是身体桩毕竟有限，所以可以整个人动起来，比如记忆的信息里有"推动……进步"，这时候我们就可以带入自己，联想自己在往前推动什么东西。信息里有"引起……倒退"，就联想自己太空步往后倒退。

第四节　O（object 物体）

物体是记忆法编码的基石。最简单的记忆思路便是把抽象信息转变为具象的物体，再结合串联法记忆。一段联想里最好要有图像，纯靠逻辑很容易丢失信息。物体的重要性最充分地体现于数字编码。

1. 物体结合串联法

虎杖微苦、微寒，归于肝胆肺经，具有利胆退黄、清热解毒、散瘀止痛、化痰止咳的功效。

由虎杖联想到老虎和拐杖，由清热解毒联想到黄连，有这两个物体作为整体的基石，往上添加联想即可。

虎杖联想成老虎叼着拐杖，拐杖是铁的，所以微苦、微寒。归肝胆肺经，这里有个"归"字可以利用下，谐音成乌龟。拐杖砸在乌龟肚子上，砸成内伤，内伤对应肝胆肺（归于肝胆肺经），胆被刺破了（利胆）。乌龟吐出一朵黄连（退黄），黄连的作用是清热解毒。很多影视剧里解毒之后都要吐出一口黑淤血，痛苦的表情才渐渐舒缓，这对应后面的散瘀止痛。吐血和吐痰形式差不多，化痰止咳。

老虎叼着拐杖，拐杖砸乌龟，乌龟吐黄连，这是最简单的图像串联。

2. 从信息里找物体

继发性肺结核包括：

空洞型、浸润型、纤维空洞、结核球、干酪性肺炎。

从信息里找到物体，由干酪性肺炎联想到奶酪。

奶酪上有很多的洞（空洞型、纤维空洞）。吃奶酪配一杯烈酒（浸润型），酒里有一个冰球（结核球）。再点下标题，奶酪是牛奶发酵的（继发性肺结核）。

3. 让物体成为记忆的核心

找到信息里面的核心内容，用物体进行代替，这也是主流的记忆法系统。

道可道，非常道；名可名，非常名。

无名天地之始，有名万物之母。

故常无，欲以观其妙；常有，欲以观其徼（jiào）。

此两者同出而异名，同谓之玄，玄之又玄，众妙之门。（《道德经》）

记忆一段信息只依赖一种记忆方法局限性会非常大。每一种记忆方法都有它的优势和劣势，在记忆大段内容时的选择非常重要。

"道可道，非常道；名可名，非常名"，这一句的记忆偏向于机械记忆，类似于《三字经》的断句，多读几遍自然就能背诵下来。

通过朗读一遍后面的文字就能发现"此两者"说的便是"无"和"有"。然后思考一个问题，"无"是什么？"有"是什么？

答案就在文字里。无名天地之始，有名万物之母。"天地之始"可以用宇宙来代替，宇宙大爆炸是一切之始；"万物之母"可以用地球来代替，她孕育了人类和万物。

无 = 宇宙；有 = 地球。

"故常无，欲以观其妙"，人类是怎么经常去观察宇宙（无）的奥妙的？通过望远镜。"常有，欲以观其徼"，又是如何观察地球（有）的细节和究竟的？通过显微镜。"无"对应的是宏观世界，"有"对应的则是微观世界。这是第三句的记忆。

"此两者同出而异名"，望远镜和显微镜的结构非常像，都是人类制造，但是名字不同。"同谓之玄"，无论是宏观世界还是微观世界，都是非常玄妙的。"玄之又玄"，人类也没有弄懂它们。"众妙之门"，大家在合力推开这扇门。

第五节　S（scene 场景）

场景一般是戏剧或电影里的场面。一个场景可以承载大量的故事信息，所以在记忆法里，场景法一般用于记忆大段信息。

1. 原场景和联想场景

比较常见的是古诗词的记忆。大量的古诗词是描述景物，或是借景抒情，这些景色便是场景。记忆时可以利用原本的场景。比如"春宵一刻值千金，花有清香月有阴"，我们可以联想到一个春天的晚上，花有清香，月光在花下投射出朦胧的阴影。身临其境，帮助自己记忆。也可以通过自己的想象，制造一个有趣的场景：春天在月光下吃夜宵，点的烤鱼很值钱（春宵一刻值千金），烤鱼上面撒着葱花，葱花有清香的味道（花有清香月有阴）。

根据信息选择原场景或联想场景，想通过理解来记忆就用原场景，想快速有趣记忆的就使用联想场景。

联想场景法案例

我国现代化的五个特征：

中国的现代化是人口规模巨大的现代化；全体人民共同富裕的现代化；物质文明和精神文明相协调的现代化；人与自然和谐共生的现代化；走和平发展道路的现代化。

根据字面意思联想出一个场景，再逐一串联即可。最后四个字"的现代化"，因为重复不需要记忆，读几遍即可。

第一条：一个现代化的广场（中国的现代化）站着非常多的中国人（人口规模巨大）。

第二条：每个人身上都穿着非常富贵的衣服（全体人民共同富裕）。

第三条：每个人左手拿着面包（物质文明），右手拿着手机（精神文明），正好一样重（相协调）。

第四条：每个人骑上一匹战马（人与自然和谐共生）。

第五条：缓慢地走在一条道路上（走和平发展道路）。

整体的场景画面是一群人穿着华丽的服装，左手面包、右手手机，骑着大黑马，走在和平大道上。场景可以承载更多的信息。这是非常简单的记忆操作。

有同学会说这样的知识点太多了，导致图像太多，完全没办法复习。提供一种最简单有效的方法，你可以找一个类似这样的图像储存在手机里或是直接打印出来。把图片贴在文字旁边或是整理好图片文件夹，方便复习时使用。

联想场景法案例

《中国的生物多样性保护》经验：

一是坚持尊重自然，保护优先；

二是坚持绿色发展，持续利用；

三是坚持制度先行，统筹推动；

四是坚持多边主义，合作共赢。

由标题"生物多样性"联想到一个拥有多样性生物的场景——动物园。

第一条：动物园将很多鸟困在一个大笼子里，这是不尊重自然，反向记忆尊重自然。但这也是一种非常好的保护措施。动物园肯定是优先保护动物的，再考虑其他，保护优先。

第二条：动物园百鸟笼里有很多绿色的植被站立在那（绿色发展）。底下还有游禽湖。鸟拉的粪便被鱼吃，鱼又被鸟吃，循环利用。吃正好谐音持续的持——持续利用。

第三条：湖里面有游船，船是纸船（制度），在湖中间滑行（先行），脚踏船，需要里面的人一起蹬（统筹）才能前进（推动）。

第四条：船是多边形的（多边主义），大家一起合作才能推动船（合作共赢）。

2. 场景法记忆法律条文

场景法非常适用于记忆法律条文。法律条文基本都是规范人的行为，而这些行为发生在一个场景中，比如抢劫的场景、盗窃的场景、借钱不还的场景……场景法也非常适合下面这种段落的记忆。

在道路上发生交通事故，车辆驾驶人应当立即停车，保护现场；造成人身伤亡的，车辆驾驶人应当立即抢救受伤人员，并迅速报告执勤的交通警察或者公安机关交通管理部门。因抢救受伤人员变动现场的，应当标明位置。乘车人、过往车辆驾驶人、过往行人应当予以协助。

第一步，找到场景：交通事故现场。网络搜索适合的图片。图片要符合信息内容，不合适的图片会给记忆增加难度。

第二步，在现场图片上按照信息顺序标记好1、2、3、4……实际上就是拆分记忆，标记的点要和文字契合。

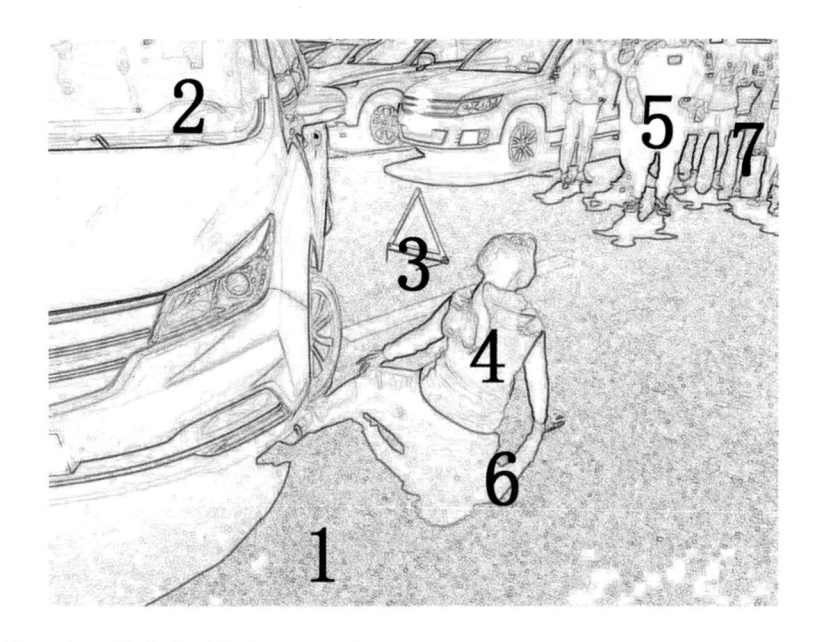

第三步，优化完整记忆。

1 马路：在道路上发生交通事故。整个场景便是在这条马路上发生的交通事故。

2 驾驶室：车辆驾驶人应当立即停车。车辆驾驶人要在驾驶室才能踩刹车立即停车。

3 三角警示牌：保护现场。三角警示牌的作用便是保护现场，提醒来往车辆。

4 受伤人员：造成人身伤亡的，车辆驾驶人应当立即抢救受伤人员。受伤人员便是造成人身伤亡的结果，看到受伤人员，车辆驾驶人立即过来抢救，这是正常人的逻辑。

5 拿着手机的人：并迅速报告执勤的交通警察或者公安机关交通管理部门。拿起手机报警。"交通警察或者公安机关交通管理部门"是固定词条，在后面的法律条文之中会重复出现，可以提前固定编码成"交警"。

6 地面印记：因抢救受伤人员变动现场的，应当标明位置。很多影视剧里犯罪现场会类似这样描画现场痕迹固定线，标明位置。

7 过往行人：乘车人、过往车辆驾驶人、过往行人应当予以协助。旁边站着乘车人，过往车辆下来的驾驶员以及行人，准备过来帮忙。

第四步，复习检查，补充遗忘部分。

按照 1~7 的顺序进行回忆。

3. 关键词串联 vs 场景法

关键词串联：先提取出信息里的关键词，再将关键词串联记忆。这其实就是由点（关键词）组成面（信息）。

场景法：先找到对应信息的场景画面，再在这个场景里找到和信息相关的关键词。这是由面（信息）找到点（关键词）。

串联是由点到面，场景是由面到点。两者运用完全不同的记忆策略。

场景里找"点"记忆案例

微波通信的特点：

通信频段的频带宽，传输信息容量较大；受外界干扰的影响小；通信灵活性较大；天线增益高，方向性强；投资少，建设快；中继传输。

类比成微波炉：

微波炉的电源线比较宽；电线越粗电阻越小，越粗的电线允许通过的电流越大；微波炉外面有外壳，受外界干扰小；微波炉有很多的功能，比如：热饭、热汤、做面包，还可以和手机等设备互通，通信和灵活性较大；微波炉上面还有旋钮，可以设置大火、中火、小火（天线增益高），有方向性；微波炉的价格不贵（5 的位置是标价贴），热菜速度非常快（投资少，建设快）；往微波炉中间放了一只鸡（中继传输）。

配个图片，再标注上 1、2、3、4、5、6，回忆会更加清晰。

4. 记忆宫殿 vs 场景法

对比记忆宫殿，地点桩其实就是一个单独的空间，也就是场景。不过地点桩法和场景法的区别比较明显。场景和信息之间的关联非常紧密，而地点桩可以提前储存准备。

场景库的建立和记忆宫殿一样，记忆准备工作越充分，在背书的过程中效率也就越高。不同的信息，联想的场景画面也有比较大的区别，比如：准备消防考试时，我们会想到消防设施；准备建筑师考试时会想到工地和楼房。

所以应对不同的考试，我们需要不同的场景。你可以根据需求整理场景图片，整理成一个专门的文件夹，方便复习。可以利用搜索引擎帮助自己找到适合的图像场景。脑海中的图像很难有搜索的图像清晰，而网络搜索的图像很难有脑海里的灵活。因此可以取长补短，在搜索的图片中根据需要做一定的修改。

第六节　L（logic 逻辑）

在需要记忆的信息里发现逻辑，记忆会更加流畅，更加牢固。掌握逻辑的前提是对原文足够熟悉，理解程度不够就很难发现其中的逻辑。

1. 原逻辑和联想逻辑

这个逻辑可以是信息原本的逻辑，也可以是自己的联想逻辑。

税收的三大性质：强制性、无偿性、固定性。

原逻辑：每个月的工资都要交税，直接强制在工资上扣（强制性），无偿交给国家（无偿性）。税收有固定的标准（固定性）。

联想逻辑：水手（税收）穿着水手服。水手的服装是强制要穿的（强制性），是无偿提供给水手的（无偿性），并且每个人穿的都一样（固定性）。

联想的逻辑会使记忆更加轻松，这也是一种以已知记忆未知的方式。

有意义学习的主要特征：全神贯注、自动自发、全面发展、自我评估。

学习理发要有一把椅子（有意义学习）。发型是人的一个主要特征。理发时要集中注意力，不能分神（全神贯注）。自己给自己剪头发（自动自发），喷上发胶使全部的头发站起来（全面发展），然后照照镜子给自己打分（自我评估）。

为什么要将文字转为故事或图像？因为我们需要有一个承载信息的具体事物。

2. 用逻辑对信息进行压缩

孙子曰：夫用兵之法，全国为上，破国次之；全军为上，破军次之；全旅为上，破旅次之；全卒为上，破卒次之；全伍为上，破伍次之。是故百战百胜，非善之善者也；不战而屈人之兵，善之善者也。（《孙子兵法》）

要记忆这段文字最好先理解"全"和"破"的意思。

全——完全，使敌方投降。保证敌方投降，敌人的粮草就变为我方粮草，敌人的兵力就变成我方兵力。所以不战而屈人之兵，才是善于用兵的（善之善者也）。

破——击破。击破敌方，我方会有损失，敌方也有损失，战斗时间也会拉长。所以百战百胜，反而不是最好的（非善之善者也）。

然后看文字逻辑，用兵之法是"国、军、旅、卒、伍"，这其实是一个从大到小的逻辑。古代百人为卒，五人为伍。国家有军队，军队里有旅团，旅团下面是卒，卒是若干队伍组成的。厘清顺序之后，记忆基本就已经完成了。

古之欲明明德于天下者，先治其国；欲治其国者，先齐其家；欲齐其家者，先修其身；欲修其身者，先正其心；欲正其心者，先诚其意；欲诚其意者，先致其知。致知在格物。物格而后知至，知至而后意诚，意诚而后心正，心正而后身修，身修而后家齐，家齐而后国治，国治而后天下平。（《大学》）

这段信息的逻辑清晰：得天下之前要治国，治国之前齐家，齐家之前修身，修身之前正心，正心之前诚意，诚意之前致知，致知在格物。后面的信息就是前面信息的镜像，完全可以通过前文推导出来，可以不用记忆。再压缩提取出关键字：天、国、家、身、心、意、知、物。

看着关键字尝试还原出原文。最终从这八个关键字里找到逻辑——由大到小。天下面是国，国里有家，家里有人，人有心，心有意识，意识像一株植物（知、物）。

第七节　M=P+A+O+S+L

经过前面对人物（People，P）、动作（Action，A）、物体（Object，O）、场景（Scene，S）和逻辑（Logic，L）这五个要素的详细讲解，我们可以知道：如果能够在信息里找到要素，再去使用记忆法记忆就会轻而易举。

1. 万能公式演示记忆

《刻意练习》的核心观点有三：

天才并不是天生的，而是可以通过训练造就的。

大多数人之所以没有被训练成天才，是因为他们的训练是无效的。

刻意练习需要满足两个条件，一个是系统的训练方法，另一个是能给你布置作业和提供及时反馈的老师。

P：天才、大多数人、老师

A：反馈

O：作业

S：训练

L：无效

贝多芬（天才并不是天生的）在训练弹钢琴（而是可以通过训练造就的）。

对面有很多人在弹棉花（大多数人之所以没有被训练成天才），他们怎么弹都不能成为天才（训练是无效的）。

贝多芬后面站着两个老师（刻意练习需要满足两个条件），一个拿着琴谱（一个是系统的训练方法），另一个拿着作业本（另一个是能给你布置作业），弹错了立马敲他脑袋一下（及时反馈）。

应用万能公式时无须找全这五个要素，很多时候找到一个或两个就已经足够完成记忆，其余的内容再以联想补充即可。来看下面这个例子。

单、多层民用建筑	高度≤27.0m 的住宅建筑
	高度≤24.0m 的非单层公共建筑
	单层恒为单层
高层民用建筑	高度＞27.0m，且≤100.0m 的住宅建筑
	高度＞24.0m，且≤100.0m 的非单层公共建筑
超高层建筑	高度＞100m 的民用建筑

逻辑：左侧的单、多层→高层→超高层，这是递增的逻辑，越来越高。右

侧的"住宅建筑"和"非单层公共建筑"重复了两次。数字 27、24、100 也多次重复。100 这数字比较好记,所以这个表格最重要的就是"27"和"24"这两个数据。

物体:27 的数字编码是耳机,24 的数字编码是时钟。

通过理解对信息进行压缩,再利用物体图像对信息进行固定。

参考:在家里(住宅建筑)戴着耳机(27)听着音乐。一般那种有好几层的博物馆或文化馆(非单层公共建筑)上面都会挂着一个时钟(24)。单层和非单层正好相反,所以无须额外记忆。高层要小于等于 100m,超高层大于 100m。

万能公式实操案例

《诗》云:"瞻彼淇澳,菉竹猗猗。有斐君子,如切如磋,如琢如磨。瑟兮僩(xiàn)兮,赫兮喧兮。有斐君子,终不可谖兮!""如切如磋"者,道学也;"如琢如磨"者,自修也;"瑟兮僩兮"者,恂慄也;"赫兮喧兮"者,威仪也;"有斐君子,终不可谖兮"者,道盛德至善,民之不能忘也。(《大学》)

由"瞻彼淇澳,菉竹猗猗"联想到竹林的场景。

对场景进行划分,根据后面的内容划分为 5 个点"有斐君子,如切如磋,

如琢如磨。瑟兮僩兮，赫兮喧兮。"

比较肥胖的人（有匪君子）给了喝水男一巴掌，使其闭嘴（终不可谖兮）。

比画竹子的男人（如切如磋）手里拿着刀（道学也）。

联想竹子上有只啄木鸟（如琢如磨），它在修理自己的房屋（自修也）。

戴帽子的女人怀抱瑟，瑟上有弦（瑟兮僩兮）。女人在吃板栗（恂栗也）。

戴帽子的男人在喝水，然后大声喧哗（赫兮喧兮）。他头戴着王冠（威仪也）。

最后句"'有匪君子，终不可谖兮'者，道盛德至善，民之不能忘也。"回到第一个肥胖的人身上。他手上拿着一把写着《道德经》的扇子（道盛德至善）。《道德经》是文学巨著，大家都没有遗忘（民之不能忘也）。

2. 局部定桩

如果结合记忆宫殿，我们在定桩的时候可以只使用一个桩子，将这些内容储存完成。但初学者记忆这段文字可能要用到 10 个桩子。

这段信息涉及的图像比较多，所以在定桩的时候，我们要使用另一个技巧——局部定桩。

假设地点桩是坐垫，可以直接联想坐垫上面长满了竹子。这样就已经"定"上去了：由竹子想到这篇古文，再将整个画面带出来。将这么多的画面整体放上去很困难，因为这个空间承载不了这么多的信息。在这种情况下，我们只需要将里面的关键内容，如标志性的人物或场景放进桩子里即可。

第八章

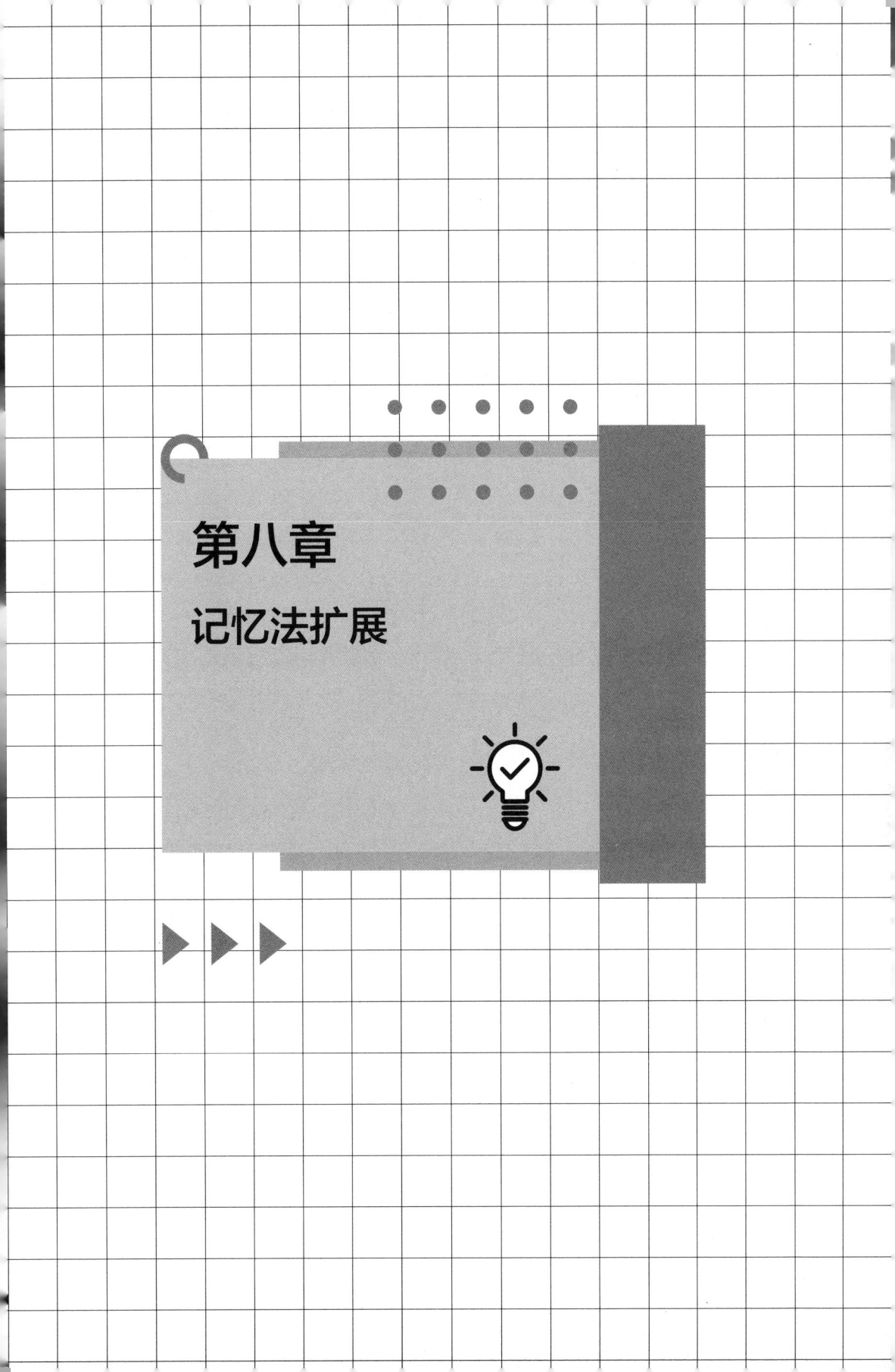

记忆法扩展

第一节 费曼学习法与记忆法

费曼学习法，源自诺贝尔物理学奖获得者费曼博士。它主要分为四个步骤。

确定学习内容；

尝试教学，给别人讲明白；

遇到问题，纠错学习；

通过类比简化成通俗易懂的语言。

费曼学习法是一种高效的学习技能，能让你用自己的语言对所学进行总结整理，有助于掌握信息，并且教会他人。因此，它也是一种高效的输出方式。比如学记忆法，很多人问记忆法是什么？很多讲师会把记忆类比成交通工具，最开始死记硬背就是走路，随着记忆法的学习，记忆效率大幅度提升，骑上了自行车，再到摩托车、跑车、高铁、飞机、火箭……这就是一种非常直观的类比，帮助初学者了解记忆法的作用。

1. 输入与输出

美国国家训练实验室的研究表明，使用不同的学习方法记忆同样的知识的保持率是不同的。

这个金字塔实际可以分为两种学习模式：

● 被动式学习——听讲、阅读、声音/图片、示范/演示

● 主动式学习——小组讨论、实际演练/做中学、马上应用/教别人

这两点也可以看作输入和输出的学习方式。

输入是由外至内，是被动地接收知识。

输出是由内而外，比如你把书里的内容教授他人。使用记忆法也是一种主

动记忆。

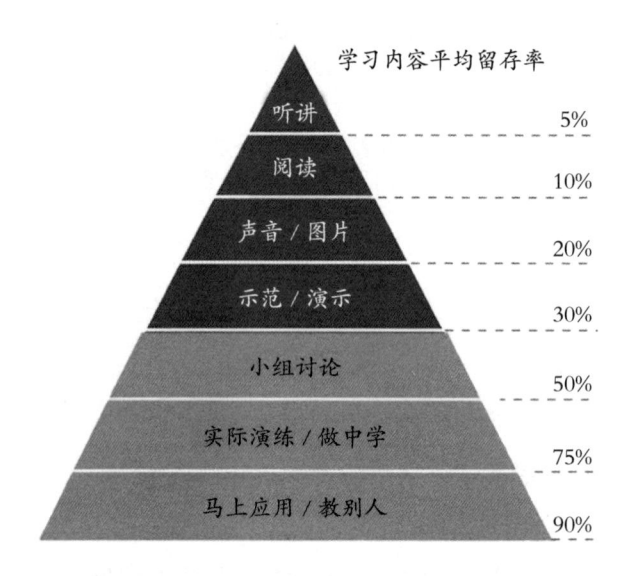

```
学习内容平均留存率
听讲              5%
阅读              10%
声音/图片          20%
示范/演示          30%
小组讨论           50%
实际演练/做中学    75%
马上应用/教别人    90%
```

2. 费曼学习法与记忆法

费曼学习法在记忆法中的应用：

确定记忆内容；

通过联想尝试教别人记住；

遇到没记住的，找到原因；

优化联想。

其核心就是，记忆任何信息，如果你能通过自己的语言，教其他人记住，那你自己也就彻底记住了。

当你记忆一段内容时，假设对面有一个人，你想要教会他。

（1）确定记忆内容

导致市场失灵的原因有：公共产品、垄断、外部影响、非对称信息。

（2）通过联想尝试教别人记住

由市场失灵联想到一个场景——菜市场。它失灵了。怎么失灵？坍塌了。一颗陨石落下（外部影响），砸断了（垄断）旁边的信号塔（非对称信息），压塌了菜市场，导致里面的产品暴露出来（公共产品）。

（3）遇到没记住的，找到原因

要教别人记住这些内容，首先你自己要能记住，而且要确保记忆无误，自己都记不住，原理流程都不熟悉，很难进行教学。

（4）优化联想

根据不同的人群，尽量讲得通俗易懂一些，优化联想。比如你给一个从没去过菜市场的孩子讲这个联想就有些不合适。你在教他的时候，可以尝试通过孩子已知的事物或常识进行联想。你以为的常识对于他人来说可能是新事物，学会假想自己也不知道。

在教中学，你不仅通过记忆法记住了一段信息，也通过这个方法锻炼了自己的想象力，再将自己的想象传达给他人，可以帮助到更多的人。当你能够帮助到他人，快乐也就随之而来。我有一个学生小语，在三年级的时候，她用速记的方法记忆了平方米、平方分米、平方厘米之间的进率转换，数学老师把这个方法用于其他班的教学，效果奇好！数学老师说，小语的这个速记法解决了她 12 年来的一个难题，还特别发了一个奖状给她。

第二节　复习计划

无论记忆方法多么高效，遗忘都是在所难免的。因此，为了将记忆保存得更长久，我们需要复习。复习的最简单方式就是重复。那么，重要的问题是多久重复一次？德国心理学家艾宾浩斯已经为我们解答了这个问题。他通过实验画出了著名的"艾宾浩斯遗忘曲线"，以说明在记忆完成后，遗忘发生的进程。

总体来说，遗忘的速度是先快后慢的。在记忆完成的 20 分钟后，我们已经遗忘了约 40% 的内容，而在 1 天后，剩余的记忆量大约是 33%（如下表）。

使用记忆法来记忆或许可以延缓遗忘的速度，但是不能完全避免遗忘。

时间间隔	记忆量
刚记完	100%
20 分钟之后	58.2%
1 小时之后	44.2%
8~9 小时之后	35.8%
1 天之后	33.7%
2 天之后	27.8%
6 天之后	25.4%
1 个月后	21.1%

对应这样的遗忘规律，一种常见的复习方式是记忆完之后及时复习，并且逐渐增加两次复习之间的间隔。比如，记忆完成之后的 1 天、3 天、7 天、15 天分别复习一次。将需要记忆的内容分块，也能减少记忆和复习的压力。

根据艾宾浩斯遗忘曲线来复习的最终目的是永久不忘。但是在日常生活中，许多内容只需要记住一段时间，比如记忆到考试考完就好了。那么应对这样的记忆内容，有更好的复习策略吗？答案是肯定的。

2008 年，梅洛迪·怀斯哈特和哈罗德·帕什勒根据研究，找出了复习的最佳间隔时间。总体来说，间隔多久复习一次取决于什么时候考试（如下表）。

考试时间	复习间隔
1 星期后	1~2 天
1 个月后	1 星期
3 个月后	2 星期
6 个月后	3 星期
1 年后	1 个月

如果你 1 星期后就要考试，间隔 1~2 天复习一次是比较好的选择，而如果

你1年之后才要考试，天天复习并不是最好的，1个月复习一次效益更高。

记忆法在复习中的优势就在于能让你记得更牢固，从而减少复习次数。但是如果你一次都不复习，记忆法也不能够真的让你"过目不忘"。

第三节　番茄时间管理法

前文介绍了高效的记忆方法、学习方法和复习方法，但是这些方法都需要实际去操作才能掌握。知识只有通过自己去理解、记忆，才能真正变成自己的东西。阻拦一个人成功的，除了缺乏方法，还有缺乏行动力——拖延。

为了解决拖延，弗朗西斯科·西里洛发明了一种番茄工作法。其核心逻辑就是用一段时间专注地做一件事。那么，一段时间是多长呢？做的又是什么事情呢？

要学习番茄工作法，你需要先准备一个笔记本、一支笔和一个闹钟。

首先，在笔记本中列出需要做的事情。一个人一天有许多事情要做，但是这些事情的紧急程度和重要性不尽相同。根据四象限法则，我们把这些事情分到四个象限中。

第一象限：重要且紧急

第二象限：重要但不紧急

第三象限：不重要且不紧急

第四象限：不重要但紧急

例如，准备明天的考试就是一件重要且紧急的事情，而刷短视频显然是一件不重要且不紧急的事情。如果你想要实现远大的理想，就应该优先为重要（第一象限和第二象限）的事情留出时间。番茄工作法的第一步就是列出当天要做的事情。

其次，为要做的事情设置番茄钟。一般来说，一个番茄钟为25分钟。假设你为自己规划的事情是背诵 100 个单词，那么在这 25 分钟内，你必须专心致志地完成背单词的任务。如果 25 分钟之后 100 个单词没有背完，你也必须停下来，休息 5 分钟，再进行下一个 25 分钟的活动。至于下一个 25 分钟的活动是继续背单词还是完成其他的任务，这要依据你的实际需求来决定。注意，如果一个番茄钟被打断——中间发生了其他的紧急时间，如接了一个电话，那么这一个番茄钟必须作废，重新开始计时。废弃的番茄钟称为"烂番茄"。在一天结束后，我们需要总结"烂番茄"形成的原因，从而更好地避免番茄工作法名存实亡。

每完成 4 个番茄钟（1 小时）后，可以休息 20 分钟。

再次，每完成一个待办事件后，在笔记本上对应条目后画一个 ×。这个小动作很重要，因为它会带给你即时的满足感，让你更有动力完成接下去的任务。

最后，一天结束后，总结自己今天完成了多少任务，受到了哪些因素的干扰，有哪些可以改进的地方。如果任务没有完成，需要总结原因，反思是否任务安排不合理，还是休息时间过多。累计你的番茄钟数量，并给予自己一定的奖励。比如，100 个番茄钟可以看一次电影，300 个番茄钟可以买一件衣服……

使用番茄工作法有一些注意事项。其一，每个人定义的番茄钟时间可能不同。如果你的注意力集中时间很短，可以将一个番茄钟的时间定为 15 分钟；而如果你可以保持更长时间的专注，则可以增加番茄钟的时间，比如 30 分钟。其二，不要频繁地改动番茄钟的时间，以免破坏学习计划。其三，番茄工作法切割的是工作任务，而非时间。虽然我们将一个番茄钟的时间固定，但是最终目的在于少量多次地完成一个任务，不能本末倒置。

第四节　思维导图与记忆法

思维导图是一种高效的思维工具。它的历史悠久，许多著名的人物都运用过思维导图工具。但是它的广为人知还有赖于托尼·博赞先生。托尼·博赞还是世界记忆锦标赛的创始人。

思维导图可以运用于高效记忆。因为思维导图的制作需要提取关键词，并且运用到了创造力（发散思维）和逻辑能力。

思维导图的绘制是一门专门的知识，许多专家通过出版书籍和发布视频给出了更详细的指导，因此我只用思维导图来讲述记忆方法，而不展开论述其绘制方法。

下面我们借《陋室铭》来了解思维导图在记忆法中的应用。

陋室铭

［唐］刘禹锡

山不在高，有仙则名。水不在深，有龙则灵。斯是陋室，惟吾德馨。苔痕上阶绿，草色入帘青。谈笑有鸿儒，往来无白丁。可以调素琴，阅金经。无丝竹之乱耳，无案牍之劳形。南阳诸葛庐，西蜀子云亭。孔子云：何陋之有？

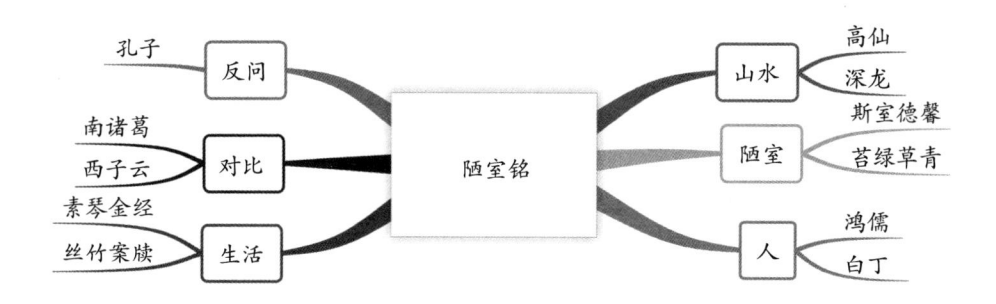

```
孔子 — 反问
南诸葛
西子云 — 对比 —— 陋室铭
素琴金经
丝竹案牍 — 生活

山水 — 高仙 / 深龙
陋室 — 斯室德馨 / 苔绿草青
人 — 鸿儒 / 白丁
```

《陋室铭》的记忆难度并不大，绘制思维导图会使文字更加直观清晰，将线性思维转变为发散思维。但是通过自己的理解整理好导图后，在复述原文时顺序有可能回忆不起来，这就是发散思维不如线性思维的一点。再加上记忆法的配合，记忆就会很完美。山水里面有陋室，陋室里面有人。人会有生活，生活悠闲了就会和人对比，对比完会找人嘚瑟（何陋之有）。一个由大至小的逻辑帮助我们确定文字的顺序。

再看一个案例。

建筑的组成：

建筑物由结构体系、围护体系和设备体系组成。

上部结构是指基础以上部分的建筑结构，包括墙柱梁、屋顶等；地下结构指建筑物的基础结构。

门是连接内外的通道，窗户可以透光、通气和开放视野，内墙将建筑物内部划分为不同的单元。

设备体系通常包括给排水系统、供电系统和供热通风系统。

首先，整理分支。一级分支：结构体系、围护体系、设备体系。二级分支：上部结构，地下结构；门、窗、内墙；给排水、供电、供热通风。

其次，绘制导图。

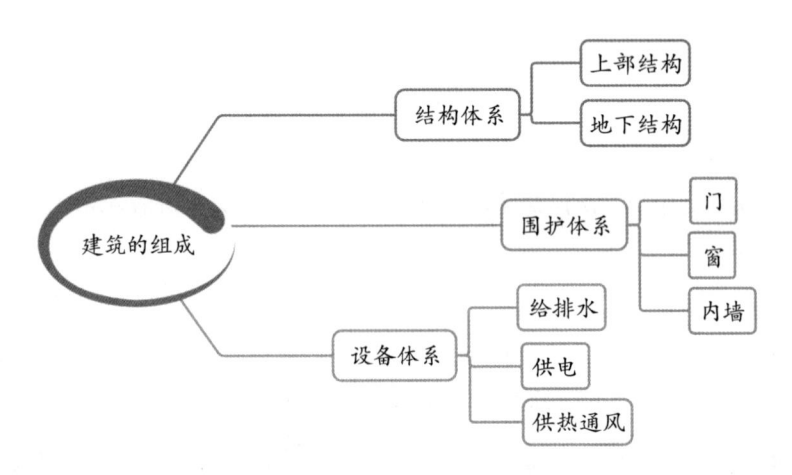

从这个案例可以看出，思维导图很直观地显示了文字材料的逻辑，并且在绘制过程中提取了关键词。我们只需要用记忆方法来记住这些关键词，就可以很好地掌握材料。

标题和一级分支串联：建筑物是长方体结构（结构体系），外面围着一圈栅栏（围护体系），建筑中间有一台发电机（设备体系）。

一级串联二级：建筑物结构分为上部结构和地下结构；打开栅栏的门，进入房间打开窗户，进入卧室（内墙）；找到发电机，在发电机上倒水（给排水），发电机是供电系统，倒水之后短路发热冒烟，需要开窗通风（供热通风）。

第九章

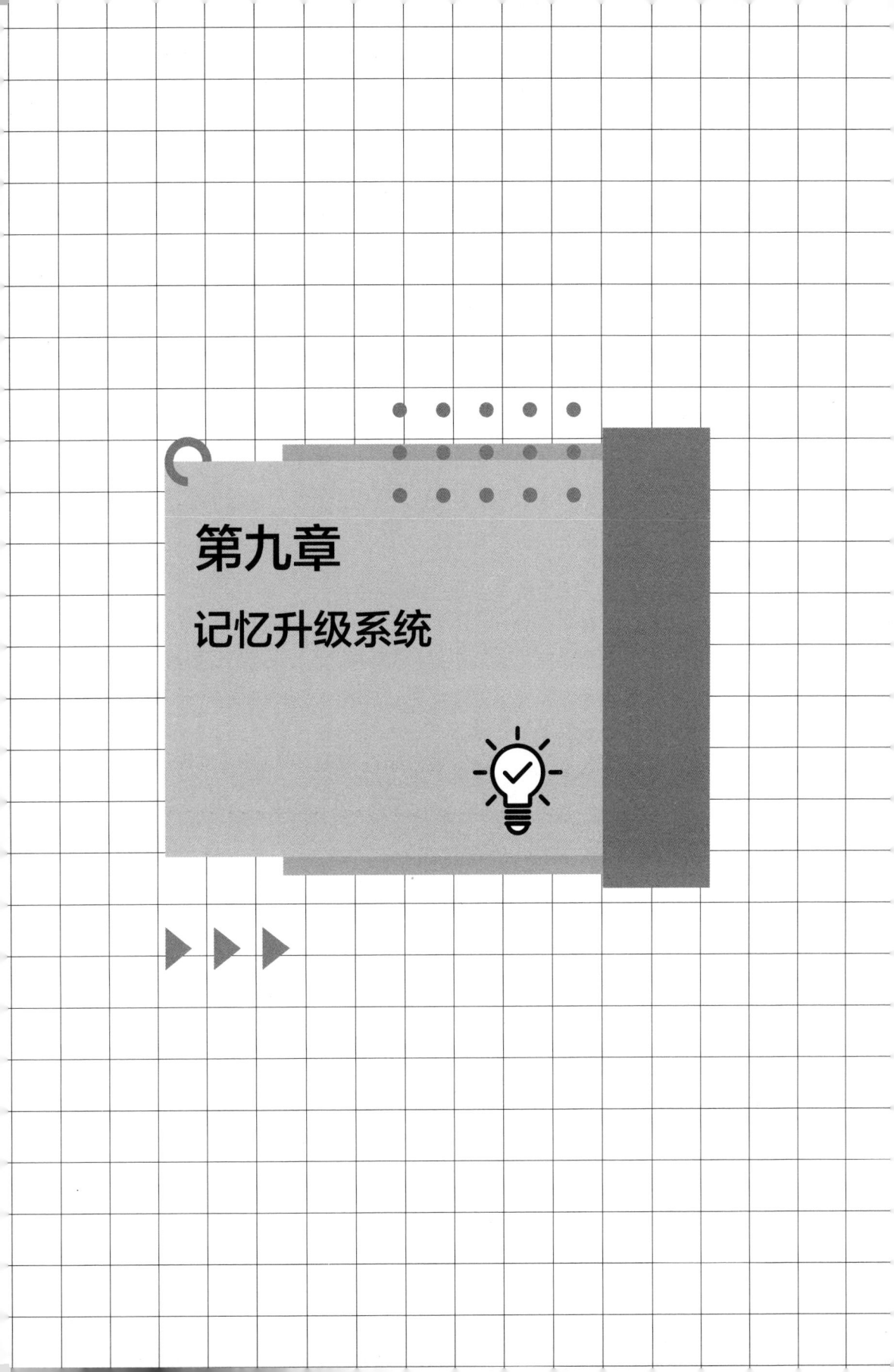

记忆升级系统

第一节 数字编码

数字编码是编码系统里非常重要的一环。它是将抽象的无逻辑的数字转变为具体的图像，方便我们的记忆和储存。基本每个学习记忆法的人都有着自己的一套数字编码系统。接下来介绍数字编码系统在文字记忆中的应用和种类。

1. 数字桩记忆信息实战

用数字 1~10 记忆十种常见修辞方式。

数字	数字编码	修辞手法	说明
1	铅笔	对比	两支铅笔对比
2	鸭子	对偶	两只鸭子是配偶
3	耳朵	夸张	耳朵被拧得非常大，非常夸张
4	帆船	反复	帆船反过来就会倾覆
5	钩子	反问	钩子反过来和问号很像
6	哨子	设问	蛇在闻一个哨子
7	锄头	比喻	锄头劈向比目鱼
8	葫芦	拟人	葫芦娃是拟人化的
9	勺子	排比	勺子并排放在厨房
10	棒球	衬托	穿着衬衣托着棒球杆

使用数字桩来记忆信息，很容易走到一个误区，就是非要用数字编码和这段信息产生一个联系非常紧密的故事，有的时候就会将原文扭曲过多。数字桩的一大优势便是有序，让我们可以通过数字本身的顺序来记住文字的顺序。

数字桩记忆古诗案例

将进酒

[唐] 李白

君不见，黄河之水天上来，奔流到海不复回。

君不见，高堂明镜悲白发，朝如青丝暮成雪。

人生得意须尽欢，莫使金樽空对月。

天生我材必有用，千金散尽还复来。

烹羊宰牛且为乐，会须一饮三百杯。

岑夫子，丹丘生，将进酒，杯莫停。

与君歌一曲，请君为我倾耳听。

钟鼓馔玉不足贵，但愿长醉不复醒。

古来圣贤皆寂寞，惟有饮者留其名。

陈王昔时宴平乐，斗酒十千恣欢谑。

主人何为言少钱，径须沽取对君酌。

五花马、千金裘，呼儿将出换美酒，与尔同销万古愁。

这首《将进酒》共有12句，理论上得用12个数字编码来记，但是这样就拘束了，记忆法应当随心所欲一些。

数字	数字编码	记忆内容	说明
1	铅笔	君不见，黄河之水天上来，奔流到海不复回	你用铅笔在天上画了一幅画，黄河之水从天上流下来，奔流到海
2	鸭子	君不见，高堂明镜悲白发，朝如青丝暮成雪	鸭子毛发是白色的
3	耳朵	人生得意须尽欢，莫使金樽空对月	得意忘形；猪八戒喝酒喝多了，得意地变回原形
4	帆船	天生我材必有用，千金散尽还复来	帆船的材料很贵，价值千金，卖了一千块钱，又花两千买回来
5	钩子	烹羊宰牛且为乐，会须一饮三百杯。岑夫子，丹丘生，将进酒，杯莫停	烹羊宰牛后，一般把肉挂在钩子上；然后和岑夫子、丹丘生喝酒

续表

数字	数字编码	记忆内容	说明
6	哨子	与君歌一曲,请君为我倾耳听。钟鼓馔玉不足贵,但愿长醉不复醒	哨子会发出乐声,吹给对面的君子听,声音比钟鼓馔玉的还要好听,让人沉醉
7	锄头	古来圣贤皆寂寞,惟有饮者留其名	古代圣贤中竹林七贤比较有名,他们经常在竹林里喝酒(这里没有必要使用"锄头"这一数字编码,因为已经出现了"七")
8	葫芦	陈王昔时宴平乐,斗酒十千恣欢谑	陈王在宴请宾客,腰间别着葫芦,葫芦里装着一斗十千钱的好酒
9	勺子	主人何为言少钱,径须沽取对君酌	主人拿起勺子往客人手里加酒
10	棒球	五花马、千金裘,呼儿将出换美酒,与尔同销万古愁	一般最后一句不需要额外记忆

这里我并没有让编码与文字进行过多的联结,因为《将进酒》朗朗上口,比较熟悉,有一个简单的提醒就能帮助我们的回忆。当然你实在记不住,可以再增加一些图像,查缺补漏即可。同时记忆相关信息也能加深印象。

相关信息记忆

竹林七贤:嵇康、阮籍、山涛、向秀、刘伶、王戎及阮咸

口诀:七贤向山流亡。

嵇康、阮籍,取 ji,谐音七。贤指阮咸,向指向秀,山指山涛,流指刘伶,王指王戎。再结合嵇康被司马昭下令处死之事,完善流亡的逻辑。

2. 数字编码种类

①一位数字编码 0~9

②二位数字编码 00~99

③多米尼克编码 00~99(人物+动作或道具)

④ PAO 编码 00~99(人物+动作+物体)

⑤三位数字编码 000~999

⑥四位数字编码 0000~9999

一位数字编码和二位数字编码共 110 个，合称为 110 数字编码，是学习记忆法的必备资料。

多米尼克编码系统相比单纯的数字编码系统显得复杂些。对于 00~99 中的每一个数字，多米尼克都编制了一个人物和对应的动作或道具。比如：

数字	人物	动作/道具
00	戴眼镜老师	在黑板上写字
38	妇女	涂口红
54	武士	练刀法
77	机器人	加油

这套系统是一带二，记忆：

  0077 戴眼镜老师在加油

  3800 妇女在黑板上写字

  5438 武士在涂口红

  7754 机器人在练刀法

这是非常有趣也很强大的记忆思路，比较符合我们实用记忆的记忆思路。找个人物，编故事会非常简单，也非常合理。人物在前动作（道具）在后，顺序也不会混乱。

PAO 系统可以说是多米尼克系统的升级。其中，P 代表人物（Person），A 代表动作（Action），O 代表物品（Object）。因此，显而易见，在 PAO 系统中，一个数字对应 3 个编码，分别是人物、动作和物品，正好对应了主谓宾。比如：

数字	人物	动作	物品
00	戴眼镜老师	戴	眼镜
78	青蛙王子	跳	青蛙
38	妇女	涂	口红

然后我们记忆一组数字，PAO 系统一次最少可以记 6 个数字，比如：

783800 青蛙王子在擦眼镜

380078 妇女戴着一只青蛙

这是很有趣的记忆模式，而且可以减少地点桩的使用。

三位编码也就是千位数字编码，在下一节单独讲解。四位数字编码是 0000~9999。四位数编码的编制过程太过复杂，目前已知可以使用的万位编码屈指可数。但是有一个由它衍生的记忆理论体系比较有趣，那就是"数字矩阵"，以百位数字编码为雏形，比如：0000 两个望远镜，0001 望远镜上有树的图案……一共有一万种组合，理论上可以衍生出一万个数字编码。只是实战效果很差，大量地重复会使记忆产生混乱，使人崩溃。当然未来可能会有更好、更完善的系统，也许解决这个难题的人就是你。

第二节　千位数字编码

千位数字编码一般作为百位编码的升级版本，编码数量更多，应用范围更广。国内大多使用的是两位数字编码，也就是百位编码，而使用千位数字编码的人非常少。但是并不是说千位数字编码不好用，1000 个数字编码等于 1000 个桩，至少可以记忆 1000 个知识点。而且有 1000 个图像，还可以提升心象的能力。

1. 千位数字编码的编制

编制千位数字编码需要的时间非常多，所以有的朋友编了几百个就坚持不下去了。接下来讲解该如何快速编制千位数字编码。其实这一过程和抽象词转形象没区别，不过这里的抽象词变成了 3 位数的数字而已，记忆法则还是适用。

接下来讲几种主流方法。

(1) 谐音法

这是主流的千位数字编码编制方法。一般是用声母或韵母谐音，比如：279 热气球、576 吴奇隆、170 玉麒麟。

谐音的编制方法也很简单，可以参考下面这个表格。

0	1	2	3	4	5	6	7	8	9
l	y	r	sh	s	w	n	q	b	j

这样制作千位编码就会非常容易，将对应的字母输入输入法即可。比如：

数字	拼音	编码
987	jbq	搅拌器
653	nwsh	女娲石
421	sry	食人鱼
210	ryl	容易拎——桶

绝大部分的编码都可以通过这种方式来编制，不过在编制的过程中会遇到一些不好联想的内容。比如上面的 210——容易拎——桶，这中间的"容易拎"就属于过渡联想。下面是一些过渡联想的例子。

数字	联想	过渡联想
337	上山去	登山镐
346	酸死了	柠檬
763	吃、流、酸	杨梅
265	爱留胡	关公

过渡联想还有个强大的功能，哪怕是没有关联的两个信息，也能组合在一起。只要有足够的联想能力，利用这种过渡联想，可以任意地编制数字编码，并使其合理化。但是问题也会随之出现——这种联想属于"记"的操作，"忆"的时候就没那么容易了，因为中间有这一层过渡，在回忆的时候你需要

走的步骤会比直接谐音多一步。比如：

337——上山去——登山镐

327——生儿奇——哪吒

而普通的千位码：

110——警察

644——刘诗诗

157——一文钱

用过渡联想编制的数字编码反应的速度会比较慢一些。加上其实这种联想也是一种串联，串联断了在回忆时就会造成遗忘或是混乱。但它的整体优点还是大于缺点，只要联想足够完美有趣（327生儿奇），有时候反而比直接编码要更容易回忆出来。

（2）意义法

有些数字是具有特殊意义的，比如看到110、119、120，我们立马会反应出对应的警察、火警、救护车。生日、节日也是不错的方式，比如我的生日是8月28日，那么828的数字编码就是我自己。家人、同学、朋友、明星等人的生日都可以利用。还有节日，215是元宵节（元宵），815是中秋节（月饼），101是国庆（国旗）……特殊的日期都是很好的联想点。

最后，俗语和形状也可以作为补充，有些口头语也可以作为编码的编制，比如：123木头人，100一百元，222鹅鹅鹅，999感冒灵。形状也可以帮助联想，比如：111香炉，333猪耳朵。

（3）一生十

对于绝大多数记忆法爱好者来说，千位数字编码可能没有，但是百位数字编码几乎人手一套。利用这百位编码衍生出千位编码，也是一种非常好的策略。举个例子：

以57（武器）为开头的三位数有十个：570、571、572、573、574、575、576、577、578、579。

发散一下，由武器能想到的物体有哪些？

570——手榴弹（武器形状像0）

571——棍棒（棍子像1）

572——双枪沙鹰（双为2）

573——千机伞（武器伞）

574——原子弹（死亡武器）

575——毒气弹（遇到毒气弹要捂住鼻子）

576——榴弹炮（榴谐音6）

577——战斗机器人（77）

578——巴掌（巴掌也是一种武器）

579——啤酒瓶（啤酒瓶能成为出人意料的武器）

依照这个方法，从00开始，到99为止，发散出去，编制1000个数字编码并不难。

（4）博采众长

大多记忆法爱好者在编制自己的百位数字编码时，会借鉴已有的编码系统，博采众长。其实在编制千位数字编码的时候，也可以借鉴他人编制好的版本。笔者就编制了一份完整的千位编码系统，需要此套系统的读者朋友可以联系我。

2. 使用技巧

千位数字编码的使用方式多种多样，无论是在实用记忆还是竞技记忆上，千位编码都可以极大地节省我们的地点桩，使相同的地点桩可以储存更多的数字扑克。数字就不说了，一桩6个数字是基本操作，下面主要论述扑克记忆中千位数字编码的使用方法。

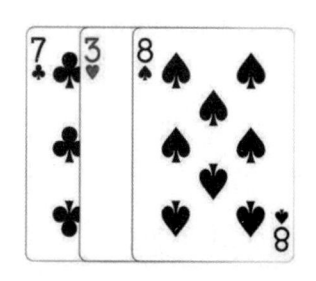

上面的三张扑克牌，如果使用二位数编码，需要一个半地点桩，使用千位编码就更简单。三张牌对应的数字是738、321❶，就两个编码。如果出现人物牌该如何解决？

比如上方的三张牌，J是1，Q是2，K是3，上方就是192，但是这样会和数字牌混乱，所以我们要在下方的花色上有所改动。可以利用加5的策略来解决，人物牌底下的花色统一加5，本身是433，人物牌加5就是938。这样就可以解决人物牌的混乱，上方三张牌对应的编码就是192、938。

这种方法多练几次就会熟悉。用这种方法对应记忆一副牌（52张）只需要18个地点桩。

千位数字编码还可以当作一千个数字桩来使用。比如我教学记忆《伤寒论》就是使用这样的方法，398条对应398个数字编码。数字编码用于记忆有序的信息特别有效。

第三节　游戏数字编码

很久之前我就在研究：我们之前玩的游戏、看的电影，能否帮助我们记忆？经过多年的测试和比赛，笔者发现这是可行的。接下来我会拿《英雄联盟》和《王者荣耀》这两款游戏来举例。《英雄联盟》中有100多位英雄。如

---

❶　黑桃对应1，红心对应2，梅花对应3，方块对应4。

果想在游戏中有比较好的体验,每个英雄的特点,包括他的技能,我们都要掌握。如果你不会玩这个游戏的话,不建议你为了学这个编码而去玩这个游戏,直接跳过这一章即可。

记忆法中的一个基本准则是以熟记新。那么我们在精通这个游戏之后,有什么是我们熟悉的呢?我按照顺序进行排列。

①英雄的名称外号(如赏金猎人——厄运小姐——外号女枪)

②英雄的详细技能、操作特点(如蒸汽机器人——把敌人拉到身边)

③英雄的相貌特点(如无极剑圣——头上全是眼睛)

④装备(如武器大师——拿着路灯)

⑤关系网(如霞和洛——夫妻)

1.《英雄联盟》数字编码(节选)[1]

数字	编码	说明
00	飞机	戴着眼镜(00编码眼镜)
01	大树	象形
02	蒙多	呆傻的样子
03	机械先驱	3只手
04	狮子狗	4谐音狮
05	泰坦	5像一个钩子
06	好运姐	6像一支手枪
07	死歌	7像死神镰刀
08	蜘蛛女皇	8条腿
09	九尾妖狐	9条尾巴
10	特兰德尔	10像棒球

---

[1] 完整的编码可联系笔者获取。

2.《王者荣耀》数字编码（节选）

数字	编码	说明
00	小乔	00 最小
01	太乙真人	乙谐音一
02	元歌	两个分身
03	韩信	三段位移
04	成吉思汗	思谐音 4
05	钟馗	5 像钩子
06	刘邦	刘谐音 6
07	鲁班七号	77777
08	猪八戒	八
09	妲己	九尾狐
10	孙悟空	棒子

3. 编码使用技巧

这套编码的优势很明显：熟悉的英雄人物会提高记忆效率，可以直接作为两位编码来用。例如（使用《英雄联盟》数字编码）：

7757——机器人击飞了武器大师

还可以衍生多米尼克编码体系。

7635——亚索使用了石头人的大招

还可以快速衍生出更高级的 PAO 体系，因为英雄本身就有技能，动作不用怎么设计就有四五个选项。

210557——鳄鱼使用泰坦的钩子钩住了武器大师

055721——泰坦用路灯砸晕了鳄鱼

这 100 个编码也可以作为千位数字编码的一部分。

在记忆文字时，英雄人物优势也比较大，因为人物好执行动作，也方便编故事。人物可以蹦，可以跳，可以有喜怒哀乐！

第四节 抽象词库

本书第二章详细说明了抽象词转换的技巧。抽象词是日常学习时主要记忆的内容，如果我们可以提前建立一套抽象词库，在联想卡壳的时候就可以方便进行检索，达到快速提取的效果。在熟悉了以后，这些词库就会在我们的大脑里形成永久记忆，提取和记忆就会再上一个台阶。我整理了几万个抽象词的转换，篇幅有限，给大家演示一部分内容。

抽象词	谐音	含义/行为
心理	行李箱	自残
现代	现代轿车	现代著名人物鲁迅
统一	统一方便面	秦始皇
规定	乌龟的屁股	骑车戴安全帽
处理	电脑处理器	扔进垃圾桶
筹集	丑鸡	募捐箱
事业单位	失业工人	在医院、学校
收益	兽医	收保护费
及时	及时雨宋江	外卖小哥送饭
重要	中药	捧在怀里
可比	科比	一大一小，一高一矮

不同的专业关键词都是不同的，因此还可以建立相对应的词库，比如：
医学词库：三七——山鸡，干酪性肺炎——奶酪，脉浮——麦麸蛋糕。
法律词库：协商——讨价还价，证据——文件袋，鉴定——放大镜。

建筑词库：设备——空调外机，结构——砖瓦房，系统——电脑，荷载——秤。

字母词库：try——讨人厌，age——阿哥，ity——我的太阳……

第十章

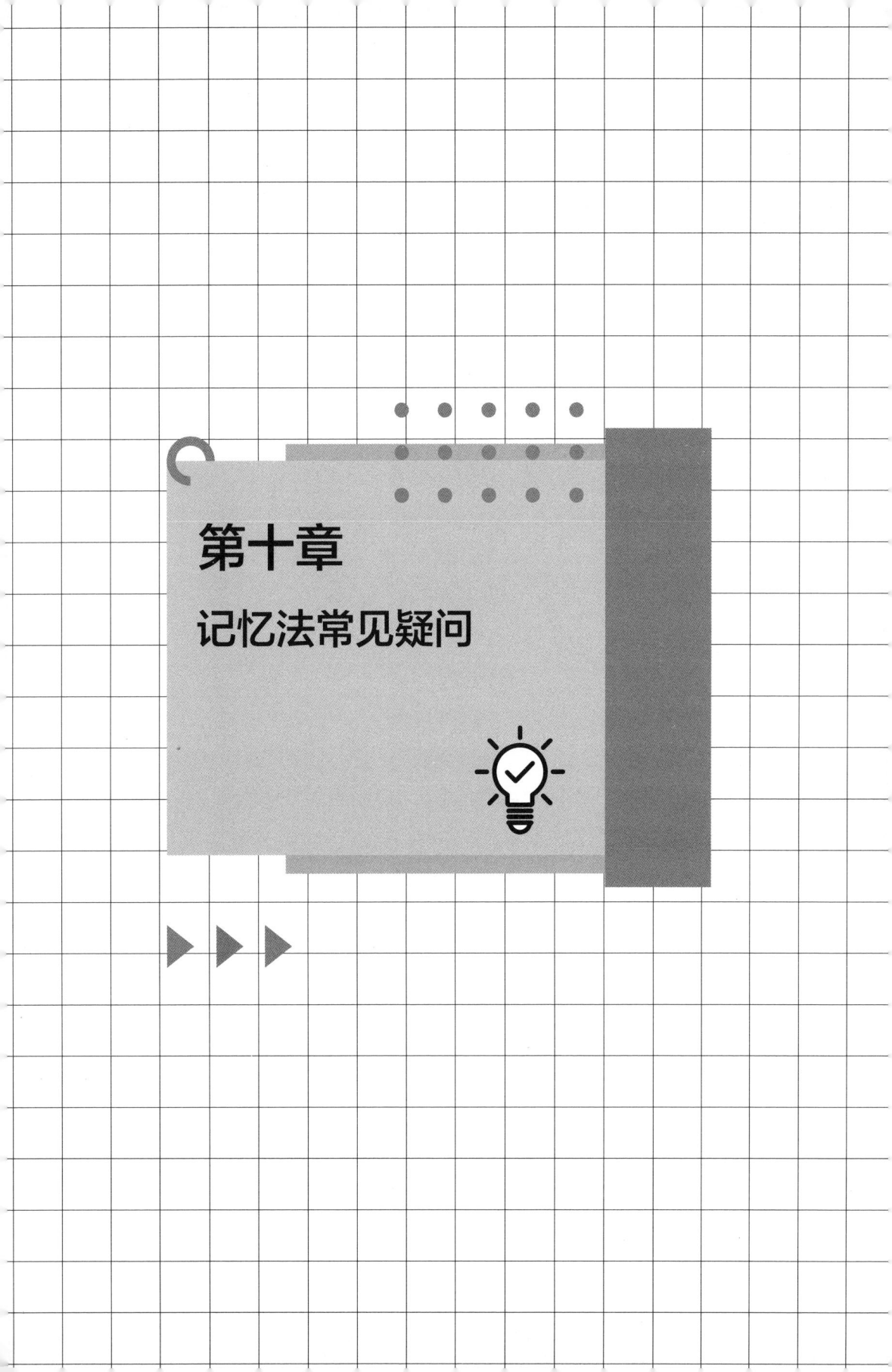

记忆法常见疑问

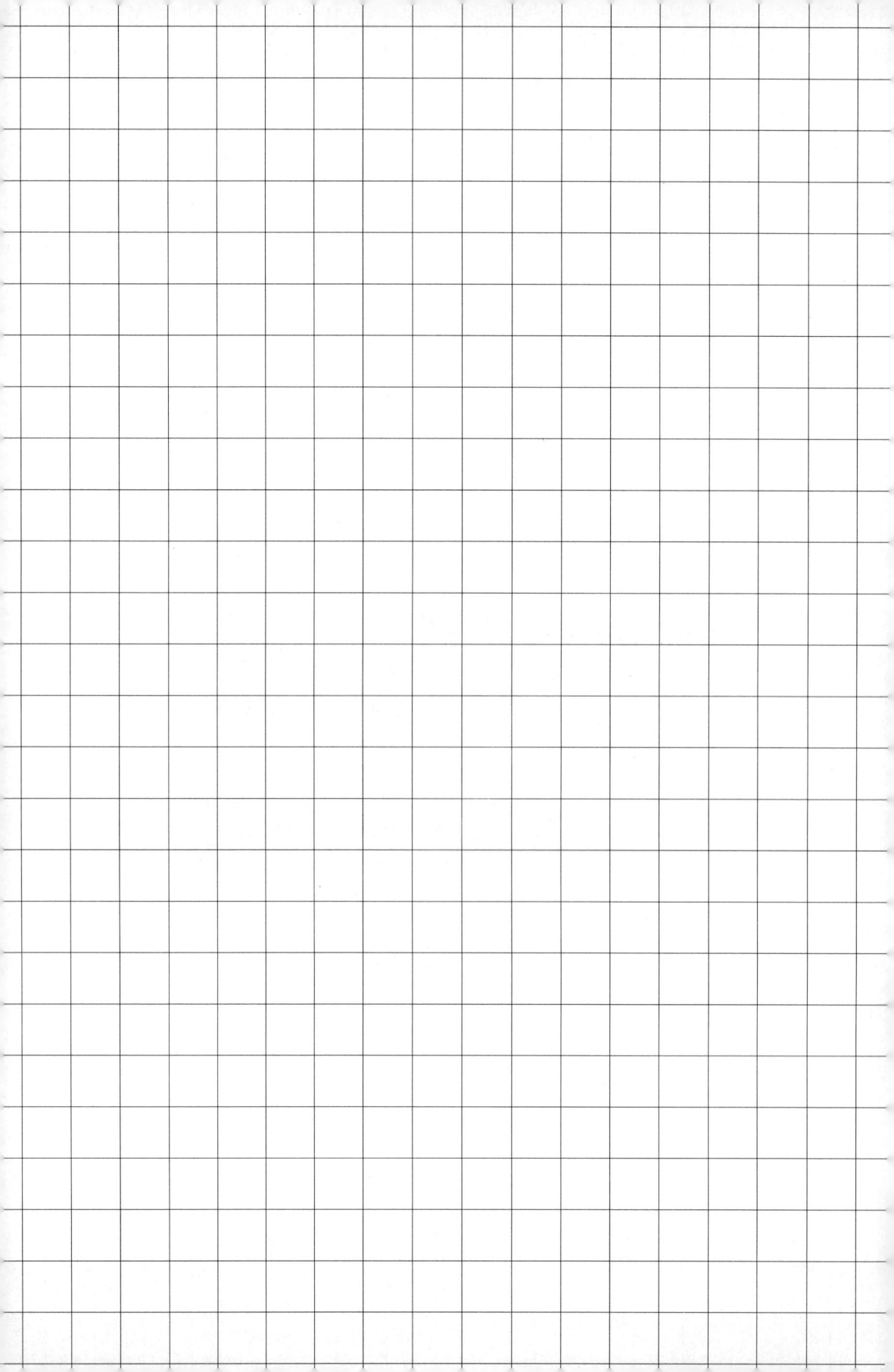

第一节　记忆法会影响理解能力吗

很多人担心学完记忆法，理解能力弱了，反而得不偿失。

一些初学者认为，记忆法就是提取关键词，然后编个故事来进行记忆，跳过了理解的过程直接记忆，不利于理解能力的发展。

而我作为一位在记忆力学习方面走得较远的前辈，有以下观点：

①理解本身也是一种记忆方法。记忆之前先去花时间理解，这不仅毫无干扰，还会令记忆难度大幅下降。

②记忆之后再去理解自然也是可行的，但未理解先背书也是一种积累。比如我们小时候背了许多诗词、古文，许多是不求甚解的，却丰富了我们的底蕴。

③记忆之后会更好理解，比如你先记住一篇古诗，再去看翻译就会容易很多。有一些老师会让你先背下来，再慢慢去理解，因为理解有时候需要时间，有时候还需要其他知识的辅助。

④记忆和理解二者之间相辅相成。最简单的记忆思路便是容易理解的先理解再记，容易记忆的先记忆再去理解。记忆会加深理解，理解会减轻记忆负担！

第二节　背一本书需要多少地点桩

"老师，背一本书要用多少地点桩？"

"老师，你背一本书需要多少时间？"

有很多人问过我这种问题，我每次都要花几分钟时间详细地解释，因为解答它需要考虑的因素很多。

①书籍的厚度。有的书几百页，有的书几十页，所需要的地点桩和时间必然不同！

②对书籍的理解程度。每个人对本专业的内容都很熟悉，让你记忆本专业的书籍就会很快，但是记忆非本专业的或自己不了解的内容肯定会变慢，记忆时需要提取的关键信息也就越多，需要的地点桩和时间也会更多。

③记忆能力。每个人的记忆能力都是不同的，同样的文字我1分钟可以记住，你可能需要5分钟；在同样的一个地点桩上，我可以记100个字，你可能只能记10个字……

④专注力。记忆和复习一本书必然是长期的过程，若决心不够坚定、方法不够合理、专注力不够集中，就很难实现目标。

换个角度解决问题，为什么一本书都要用地点桩记忆？机械记忆、理解记忆、逻辑记忆都是非常好的方法。假设一本书通过提取关键信息只剩下20%的信息量，而这20%里面有一半用记忆法记忆，这10%中有一半用记忆宫殿记忆，那么最终只有5%需要用记忆宫殿记忆。

术业有专攻，普通人不需要对记忆法有这么深的了解，也没必要练到"世界记忆大师"的程度，只要能在学习和生活中得到记忆法的一些帮助就可以了。只要使用得当，记忆法能极大地帮助我们的学习。大家更加需要的应该是针对性的学习，比如有的学员是消防员，需要学习消防方面表格类信息的记忆方法；有的学员是医学生，需要学习方剂的记忆技巧；有的学员是中学生，那么古诗词、文言文、单词的记忆方法必不可少。

第三节　地点桩越多越好吗

地点桩越多越厉害，这是个常见的误区。地点桩越多只能说明你的时间多，或者电脑内存大。地点桩需要经常复习，不熟悉的桩子使用起来会卡记忆节奏，地点桩看不清也会造成更多的复习压力。比如，我比赛用到1600个地点桩，但是比赛并不是天天有，这些桩子的使用次数有限，而虚拟的记忆大厦中还有2000个地点桩，都用不完。一味地追寻大量地点桩，基本上也只是储存在电脑里面，并不是在大脑里面。存在电脑里面的地点桩，就只是一张张的图片，没有任何的效用。用来背书、记忆信息的地点桩才有意义，不使用的地点桩只是一个空壳而已，还会徒增记忆压力。

所以储存多少地点桩取决于你的需求量，而这个需求量实际上取决于你的目标。下面根据学习记忆法的几个原因给出了储存地点桩的建议。

兴趣：地点桩的种类会比较重要，多去记忆些地点桩会让你的记忆体系更加开阔。

考试：应对一般考试，1000个以内的地点桩已足够使用。桩子的维护也需要时间，有这么多时间不如多看看书。我有位法硕考研通过的学员，在备考过程中大量使用记忆法，最终也只用了200个地点桩。

比赛：桩子的质量高于数量。一般记忆大师有1200桩足够了。

浅尝辄止：100个桩子够玩很久了，背多了也浪费脑细胞。

地点桩也分好坏。一套好的地点桩可以帮助你节省大量的记忆和提取时间，从而提高记忆效率。但是毕竟每个人都是不同的，存在个体差异，每个人对于桩子的使用和要求也不同。地点桩的好坏只有在使用过程中才会表现出来。如果你不去拿地点桩去背书、记忆信息，那么永远都找不到合适你的地点桩。

地点桩还有熟悉度的问题，一般情况下，越熟悉的桩子越好用。如果只是一味地记忆地点桩，而不在乎它的实用性，这会浪费很多时间。

地点桩并不是必需品，很多时候不用地点桩也能使用记忆法记忆信息背书，比如：单词记忆就不必使用地点桩。还有很多情况中使用其他的记忆管理系统也能很好解决记忆问题！

第四节　如何重复使用地点桩

运用地点桩记忆信息是将信息和地点桩串联在一起，回忆过程则是由桩子回忆起上面的信息。有趣的是，足够熟悉后，你回忆原文时，或者对着书读起原文的时候，地点桩也会自然地浮现在眼前。原因是你将信息和地点桩进行了绑定，这种捆绑是双向的，在回忆桩子的时候能带出信息，对应地由信息自然也能带出地点桩。

这种现象有好有坏。好处是，因为地点桩的连续性，自然就能回忆起下个地点桩，再由下个地点桩回忆起上面的内容，一般连在一起的地点桩上记忆的信息都是相互关联的，所以这样会极大地提高你的复习效率，而且也能顺带着复习桩子，加深印象。坏处则是地点桩上的信息不容易遗忘。这会导致重复使用一个地点桩时会产生记忆上的混乱，图像的堆叠覆盖会让视线模糊，回忆错乱。那么，地点桩记忆了一个知识点之后是不是就不能重复使用了？

地点桩重复使用实战记忆

九型人格：

1号完美型、2号助人型、3号成就型、4号自我型、5号理智型、6号疑惑型、7号活跃型、8号领袖型、9号和平型。

客厅：1.风扇；2.花架；3.凳子；4.茶几；5.电视；6.空调；7.玻璃移门；8.沙发；9.垃圾桶；10.凳子。

因为地点桩本身就有1到10的顺序，所以"1号"到"9号"不需要额外记忆。

参考：有位美女（完美）打开风扇；有个人在花架前扶着老奶奶（助人）；凳子上有个奖杯（成就）；你坐在茶几上（自我）；有个失去理智的疯子拿头撞电视（理智）；空调上挂着一个大大的问号（疑惑）；很多活泼的小朋友在玻璃移门那里玩（活跃）；有位领袖坐在沙发上；垃圾桶里飞出了很多和平鸽。

1号桩子上记忆了完美型人格，地点桩上有了一位美女，如果再记忆新的信息图像，这两个图像之间就会产生重合。如果想要记忆新的信息，这里提供几种方案。

1. 遗忘

自然遗忘：长时间不复习，地点桩上的痕迹会自然消失，这时候就可以重新使用。虽然这个方法看起来很笨，但在你的记忆宫殿庞大之后，这种方法反而用得最多。

覆盖：用新的内容图像直接覆盖上去，且后续不再复习旧的内容。新的图像清晰度高于旧的之后，旧的内容也会自然遗忘。

2. 脱桩

复习：使用记忆宫殿记忆信息，通过重复地复习，地点桩上的信息会越来越熟悉，图像或联想也会越来越少，直至消失。最终效果便是不由地点桩就可以回忆出对应的文字，这时便完成了"脱桩"。用这个地点桩去记忆新的内容也不会对之前的内容造成干扰。

理解：通过自己的学习，深度地掌握和理解信息，到这个阶段，文字记忆已经不再重要，更何况地点桩上的图像呢？

3. 转移

整合：对多个地点桩上的内容进行组合，比如地点桩1和地点桩2记忆的内容是"完美型、助人型"，组合完成后就是1号地点桩上有位美女在扶老奶奶。这样至少能节省一半的地点桩。记忆法能力再强一些，还可以继续优化，比如老奶奶手里拿着冠军奖杯（成就型）……

搬家：我们在使用地点桩的时候，一般会优先使用自己最熟悉的一套去记忆信息，这就造成了熟悉的地点桩上会迅速放满，而下次记忆时又会习惯地重复使用这套最熟悉的地点桩，所以产生了"经常使用一个地点桩会混乱"这个问题。

其实这就是地点桩熟悉与不熟悉的问题。熟悉的地点桩绝大多数情况下要比不熟悉的好用很多，无论是记忆速度，还是记忆准确率，都有差别。但是我们很难保持所有的地点桩都一样熟悉，总归有个先来后到，所以可以采取"搬家"的方式：

先用熟悉的地点桩快速记住信息，确保记忆无误后，将这个地点桩上的图像迁移到新的不太好用的地点桩上。

1号桩上有位美女，迁移到10号桩，变成10号桩凳子上坐着位美女。这样 1 号桩又可以用来记忆新的信息。

第五节　实用记忆和竞技记忆的关系

实用记忆和竞技记忆有什么区别呢？实用记忆就是实战应用文字记忆背书，帮助自己学习生活。这类记忆方法的市场需求非常大，因为绝大部分人都要考试，而考试就要背书。

竞技，竞的是技能。什么技能？肯定是记忆的技能。有多少能力，去赛场比一下就知道了。竞技记忆要花大量时间训练，而且短期见不到收益，所以这注定是少数群体玩的游戏。

把精力放在实用记忆还是竞技记忆，这主要看学习者的兴趣所在。如果是为了用记忆宫殿来炫技，那么一副扑克牌的记忆会让你加分不少；如果是为了帮助考试、考证，那实用记忆方法能提高你的背书效率。实用记忆与竞技记忆二者也能相互提升。

1. 实用记忆对竞技记忆的提升

（1）编码能力

编码能力主要体现在千位数字编码上。二位编码的难度其实不大，找一套模板，自己再整改几个就能很快完成。千位数字编码则不同，由于汉语的限制，千位编码的编制比较复杂。此外，国内记忆圈分享环境不是特别好，目前国内除了我免费完整分享出一套千位数字编码，还没有其他人愿意完整分享出来。我的实用记忆能力远超竞技比赛的能力，编码的编制对于我来说非常轻松，因此编制出适合中国人使用的千位数字编码也很容易。

（2）记忆耐力

学习实用记忆主要是为了应对长期的考试，所以记忆时的专注力要求会比较高，而竞赛需要具有一定的耐力才能很好坚持训练下去。

（3）词汇、人名记忆能力

脑力锦标赛中有三个项目是文字信息的记忆，其中之一是随机词汇记忆，比赛内容是记忆大量随机的抽象词、名词、动词。这个项目和实用的抽象词转换训练类似，所以实用记忆能力强的人在这个项目上的表现也不会差。另外，人名头像和历史事件项目也是一样。

2. 竞技记忆对实用记忆的提升

（1）记忆速度

信息的差异性和身体状态都会影响记忆速度，而我们可以通过竞技记忆来确定自己的记忆上限。

竞技比赛记忆的大多是无逻辑的信息。如果无逻辑信息都能快速记忆，有逻辑的信息记忆起来会更加有思路。例如，如果你记随机词汇、扑克牌速度非常快，就算换成《三国杀》的扑克牌，记忆速度也比普通人要快很多。

（2）记忆准确率

竞技记忆，要求的是百分之百的准确率，而实用记忆的要求不会那么高，一般能根据记住的关键信息把原文还原出百分之八九十就可以。有些特别的专业（法律、医学）或某些信息必须有更高的还原度，这时竞技记忆的百分之百就显得格外重要。而且记忆会随着时间而丢失，如果最开始的记忆就是按照百分之百记的，回忆的丢失率也会少很多。

（3）记忆节奏

记忆又不是音乐，还能有节奏吗？记忆节奏其实是高阶记忆选手能感受到的律动。举个例子：

在记忆扑克的时候，节奏就非常重要，甚至有的时候比图像还重要。一般记扑克牌的节奏是开始慢（刚看到扑克牌找状态），中间平（找到状态，看牌定桩记忆），后面快（感觉会越来越顺，速度也会提高）。

找到节奏是种非常美妙的感觉。有了自己的节奏，你会发现记快了会出错，记慢了也会出错。如果能把竞技记忆的节奏感代入背书，那么记忆就像流水一样，顺势而为，自然是事半功倍。

（4）熟悉地点桩

学习实用记忆方法很难熟悉大量的地点桩，但是不熟练的地点桩记忆信息的效果会很差（以新记新）。

但是经过竞技训练，地点桩熟悉起来就很容易，能直接拿来记忆几副扑克牌或数字，使用就是最好的熟悉。

3. 个人感受

我已经拿到了"世界记忆大师"的证书，而且教授实用记忆法多年，目前已经教出了6位"世界记忆大师"，帮助大量学生提升了记忆力，通过考试。因此，我在竞技记忆和实用记忆方面都有足够的经验。

无论是实用记忆还是竞技记忆，那些没有坚持下去的，或实力不够的人，总会发表这样的论调："记忆法我学过，真的一点用都没有！"

学过和学会的差别非常大。考试考80分和考100分的差别也很大，虽然分数相差不多，但是两者对于知识的掌握情况远不是这20分的差别。

"竞技记忆不行，你让记忆大师去背书，肯定比我慢！"

这种言论在实用记忆爱好者的圈子里经常出现。笔者认为，实用记忆和竞技记忆是两个方向，训练内容和目的本身就有很大的不同。目标不同，再拿自己所学的长处去对比对方的短处，然后进行炫耀，这本身就是不公平的。没有谁优谁劣，只是目的不同。

竞技记忆入门简单，有数字编码就能记忆数字扑克牌，但是进阶难。训练一个月就能实现2分钟记一副牌的目标，但想达到20秒记忆一副牌的水平，可能需要穷尽一生。

实用记忆入门难，前期记忆法的掌握，还有抽象词的积累都需要时间和精力，但是进阶容易。掌握几个记忆模型后，基本所有的文字都能记忆，后期提升是稳步向上。

笔者经常会对学生说，不要总想着参加比赛，那是少数人的游戏。那些通过比赛拿了大师称号的记忆选手，无一不是付出了大量的时间和精力。有这个时间，你做其他的事情大概率也能有所成就。

后 记
POSTSCRIPT

感谢大家的阅读！相信读到这里的读者对记忆法有了一定的了解。记忆法的种类很多，不同的人会形成不同的记忆系统。同样一段文字，给不同的人，选择的记忆方法会不同，联想的方式也不同，所花的时间也不同，这真的是很有意思的事情。我希望以最简单的语言来对大家讲解我对记忆法的理解：把难记的变为容易记的。

聊聊个人经历吧，希望对大家也有所启发。我最开始接触记忆宫殿，是在一本科幻小说上，上面对记忆宫殿进行了非常夸张的呈现：主角学会记忆宫殿之后过目不忘，走向了人生巅峰。接下来，我和绝大部分人一样，在网络上搜索记忆宫殿的资料，买书，也学习了一些课程，但是实在愚笨，加上那时教学资料太过稀缺，并且参差不齐，就是学不会，中途也放弃过。真正让我改变的契机还是遇到了赵光伟老师。他是一位非常睿智并且有能力的老师，为我的记忆之路指明了方向。我跟着赵老师学习训练，参加了世界脑力锦标赛，并且获得了"亚洲记忆大师"和"世界记忆大师"的称号。世界记忆大师是积分制，总分3000以上才有机会获得这个称号，而我训练3个月后第一次比赛的积分是4000分，远超世界记忆大师的标准。

很多人问我是不是有天赋。毫无疑问，有天赋的人在每个行业都有，但是以我教记忆法这么多年的经验来说，大部分记忆法的学习不需要拼天赋，只要你的身体方面没有什么问题，自然训练就可以达到很高的水平。当普通人一天训练2小时的时候，我一天高强度地训练14小时。这才是我快速进步的主要原因。年龄也不是问题，上至60岁的老翁，下至一年级的学生，在记忆界都有他们的身影。八届世界记忆冠军多米尼克·奥布莱恩，在60多岁时依然参加脑力锦标赛，还不断刷新老年组的世界纪录。

在多年的记忆法教学过程中，对我影响最深的，便是多米尼克·奥布莱恩先生在他书中写的一句话，"我希望我们能成为提升人类记忆潜能的探索者，而不是表演记忆术的小丑。"

  切记不可恃才傲物，当你的能力比别人强的时候，应当竭尽所能帮助他人，他们也会在别人需要帮助之时献出一份力量。薪火相传，生生不息。我相信，经过大家共同的努力，我们国人的记忆能力终将迈上一个新的台阶。

  最后感谢恩师赵光伟老师对我的教导。感谢石伟华老师在写作过程中的耐心帮助。感谢家人的支持和指正。感谢我的学生们，这本书是为你们而写。当然更要感谢本书编辑郝珊珊女士的信任和帮助，才让此书有机会与大家见面。

  能力一般，水平有限，已竭尽所知、所感写于书中。书中难免会出现错误及不当之处，请各位读者、各领域专家、前辈老师批评指正。

  谨以此书，献于记忆之路上行进的你：不忘初心，砥砺前行。

  感恩！

2022 年 11 月 1 日